PLC 应用技术

刘 刚 主编

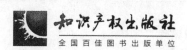

知识产权出版社

全国百佳图书出版单位

图书在版编目（CIP）数据

PLC 应用技术/刘刚主编. —北京：知识产权出版社，2016.4

ISBN 978-7-5130-4132-4

Ⅰ. ①P… Ⅱ. ①刘… Ⅲ. ①PLC 技术 Ⅳ. ①TM571.6

中国版本图书馆 CIP 数据核字（2016）第 069342 号

内容简介

随着电气自动化技术的不断发展，电气设备的应用日益广泛，各行各业中都有大量的电气设备用 PLC 控制，为使学生对传统电气控制元器件的功能、使用和基本控制概念的理解有进一步提高，从而提高学生对现代智能化控制概念的认识，"PLC 应用技术"课程的学习和掌握在电气控制类专业中必不可少。本书在编写时尽量体现"做中教，做中学"的特点，并以职业学校学生的认知规律为核心组织内容，力求突破学科体系，以实际工作任务来组织教学活动。本书参照相应职业资格标准，遵循国家相应标准规范，使学生适应将来的工作岗位；紧扣国家职业技能大赛内容，并以大赛装备 YL-163A 电动机装配与运行检测实训考核装置为载体，采取完成具体工作任务的方式组织教学，有利于学生循序渐进，逐步掌握该项专业技能。

本书可作为中职中专电气控制及相关专业的教材，也可作为高职高专电气控制类及相关专业的学习实训教程，亦可供相关技术人员参考。

责任编辑：张雪梅	责任校对：董志英
装帧设计：睿思视界	责任出版：刘译文

PLC 应用技术

刘刚　主编

出版发行	知识产权出版社 有限责任公司	网　　址	http：//www.ipph.cn
社　　址	北京市海淀区西外太平庄 55 号	邮　　编	100081
责编电话	010-82000860 转 8171	责编邮箱	410746564@qq.com
发行电话	010-82000860 转 8101/8102	发行传真	010-82000893/82005070/82000270
印　　刷	北京富生印刷厂	经　　销	各大网上书店、新华书店及相关专业书店
开　　本	787mm×1092mm　1/16	印　　张	6.25　插页 8
版　　次	2016 年 4 月第 1 版	印　　次	2016 年 4 月第 1 次印刷
字　　数	165 千字	定　　价	25.00 元

ISBN 978-7-5130-4132-4

前　　言

随着职业教育的不断发展，教学方式的改进也在如火如荼地进行着。目前职业教育中比较流行的就是以行动为导向的项目教学。它的核心是以学生为中心来组织教学，也就是学生是教学的中心，教师是学习过程的组织者与协调人，遵循"资讯、计划、决策、实施、检查、评估"这一完整的"行动"过程序列，在教学中师生互动，让学生在自己"动手"的实践中掌握职业技能、学得专业知识，从而构建属于自己的经验和知识体系。

在项目教学过程中，老师做的工作是：

（1）提出项目理念。

（2）将计划进行的项目纳入课程。

（3）组织好项目进行所必需的空间上的、技术上的和时间上的前提要件。

（4）将培训学员引入到项目中去。

（5）主持掌控学生的项目完成情况。

（6）对结果和工作方式进行评定，作为对培训学员自我评定的补充。

在项目教学法过程中学生改变了原来被动接受的态度，他们必须积极参与进来，获得不同的能力，同时也要将这些能力投入到实践运用当中，他们要完成：

（1）项目工作的计划。

（2）工作流程的划分。

（3）信息和材料的获取。

（4）工作和任务分工的组织。

（5）工作进展和质量的自我检查。

（6）对结果、工作方式和经验的自我评定。

本书所介绍的几个 PLC 应用技术的实训项目都是以项目教学法的方式进行组织的，如有不当，敬请指正。

本书适用于中职中专电气、机电、数控、电子及相关专业，也可用于高职电气及相关专业的 PLC 实训指导，还可作为职业技能大赛的参考用书，亦可供相关技术人员参考。

本书编写分工如下：刘刚负责全书编写工作的协调，资料的收集、汇总，同时完成项目 1、2、4～7 的编写；许红艳编写项目 3；张洪涛编写项目 8。另外，还有多名老师参与了资料的收集，教材的审读、勘误等工作，在此表示感谢！

由于编者水平有限，书中不足之处在所难免，恳请读者批评指正。

目　　录

项目 1 简单数码管显示控制

 项目描述

本项目参照公司模式以承接项目的形式给定任务，学生按照任务要求设计电气原理图，在 YL-163A 设备上完成数码管显示的控制。

项目目标

知识目标☞

1. 了解 PLC 控制系统的概念，PLC 的定义、发展、分类。

2. 理解 PLC 的初始加载和与、或等基本指令。

能力目标☞

1. 会输入 PLC 的基本指令。

2. 会连接按钮开关与 PLC。

3. 会连接 PLC 与数码管。

4. 具有一定的计划能力、自我组织能力和社交能力。

教学空间☞

电教室 1 间；实训室 1 间，亚龙 YL-163A 型电动机装配与运行检测实训考核装置 10 套。

 控制要求

控制板通电时，数码管无显示，按不同的按钮可以让其显示不同的数字，如按按钮 3，则七段数码管显示数字 3；放开按钮 3，数字消失；再按按钮 5，则七段数码管显示数字 5，如此显示数字 0~9。

工作任务

教师工作任务☞

1. 创设学习情境，概述本项目，有条件的可播放七段数码管多种显示效果的视频。

2. 与学生互动，交流有关七段数码管的信息。

3. 设计相关表格要求学生填写。

4. 监测、掌控小组进度。

5. 评价小组成果及小组成员能力。

小组工作任务☞

1. 了解七段数码管控制的应用场合和控制情况。

2. 列出七段数码管显示不同数字时各数码管的状态（至少 3 种）。

3. 与教师讨论小组的决定。在小组中准备一个简短的展示（幻灯片），包括下列主题：七段数码管控制要求；硬件电路图。

4. 阐述硬件连接方案及编程思路并阐释理由（口头）。

5. 写出 I/O 分配表。

6. 画出硬件连接线路图并安装连接。

7. 软件编程。

8. 仿真调试。

9. 系统调试。

10. 执行所计划的任务并记录完成情况。

11. 小组自评及互评。

依照完整的行动模式、以行动为导向的课堂设计来完成咨询、计划、决策、实施、检查/展示、评估的教学过程。

1.1 认识 PLC

1. PLC 简述

（1）PLC 的产生

为适应工业控制的需要，克服早期继电器控制系统体积大、可靠性差、查找故障困难、耗电多以及造成大量人力、物力的浪费等缺点，1969 年美国 DEC 公司生产出第一台 PLC。虽然它源于继电控制装置，但它不像继电装置那样，通过电路的物理过程实现控制，而主要靠运行存储于 PLC 内存中的程序，进行入出信息变换，实现控制。

PLC 的定义：PLC 是可编程控制器的简称，是一种进行数字运算操作的电子系统，专为在工业环境下应用而设计，它采用可编程序的存储器，用来在其内部存储指令，以执行逻辑运算、顺序控制、定时、计数以及算术运算等操作，并通过数字的或模拟的输入和输出，控制各类机械或生产过程。

（2）PLC 的优点

PLC 具有以下优点：可靠性高，灵活性强，编程简单，功能完善，通用性强，触点数量不受限制，体积小、重量轻。

（3）PLC 的应用和发展

1）PLC 的应用。最初，PLC 主要用于开关量的逻辑控制，随着 PLC 技术的进步，它的应用领域不断扩大。如今，PLC 不仅用于开关量控制，还用于模拟量及数字量的控制，可采集与存储数据，可对控制系统进行监控，还可联网、通信，实现大范围、跨地域的控制与管理。PLC 已日益成为工业控制装置家族中一个重要的角色。

①开关量控制。PLC 控制开关量的能力是很强的，所控制的 I/O 点数，从十几点到几千点，甚至几万点。由于它能通信联网，理论上点数几乎不受限制，不管多少点都能控制。用 PLC 进行开关量控制的行业也非常之多，冶金、机械、轻工、化工、纺织等，几乎所有工业行业都需要用到它。

②模拟量控制。如电流、电压、温度、压力等，它们的大小是连续变化的，工业生产中常常需要对这些物理量进行控制。PLC 如何去控制它们呢？很简单，用 A/D 变换器把模拟量转换成数字量（开关量）作为 PLC 的输入量，PLC 的输出用 D/A 变换器把数字量（开关量）转换成模拟量。

③数字控制技术。数控机床中加工部件的位移可由相应的传感器（如旋转编码器）或脉冲伺服装置（如环形分配器、功放、步进电动机）转换成脉冲，而 PLC 可接收计数脉冲，频率可高达几千到几十千赫兹。PLC 可用多种方式接收这种脉冲，还可多路接收。接收到这些脉冲信号后，经过换算，即可得到它的位移量。

④数据采集。随着 PLC 技术的发展，其数据存储区越来越大。这些庞大的数据存储区可以存储大量数据。而且 PLC 还可与计算机通信，由计算机把存储区的数据读出，并由计算机再对这些数据作处理。如学生公寓的用电管理就可采用这种形式，用以实时记录用户用电情况，达到合理用电与节约用电的目的。

⑤进行监控。利用 PLC 自检信号及内部器件的功能对 PLC 进行自身工作的监控，或对控制对象进行监控。

⑥联网、通信。PLC 联网、通信能力很强。可用一台计算机控制与管理多台 PLC，也可一台 PLC 与两台或更多的计算机通信，交换信息，以实现对 PLC 控制系统的监控。PLC 与 PLC 之间也可通信，可一对一 PLC 通信，也可几个 PLC 通信。

事实上，PLC 早已广泛应用于工业生产的各个领域。从行业看，冶金、机械、化工、轻工、食品、建材等，几乎没有不用到它的。不仅工业生产用 PLC，一些非工业过程，如楼宇自动化、电梯控制也用到它。农业方面，大棚环境参数调控、水利灌溉也用到了 PLC。当然，PLC 能在上述范围有广泛的应用，是其自身特点决定的，也是

PLC 技术不断完善的结果。

2）PLC 的发展。随着技术的不断进步，PLC 的发展呈现规模点数越来越大，通信功能增加，不断出现新模块，编程工具、语言不断提高且趋于简单化，力图实现软、硬件的标准化等特点。

2. PLC 的结构及类型

（1）结构组成

1）CPU。PLC 的硬件核心，PLC 的主要性能，如速度、规模都由它的性能来体现。

2）存储器。存储用户程序，有的还为系统提供附加的工作内存。在结构上内存模块都是附加于 CPU 模块之中。

3）电源部件。为 PLC 运行提供内部工作电源，有的还可为输入信号提供电源。

4）输入、输出部件。

5）编程及接口。

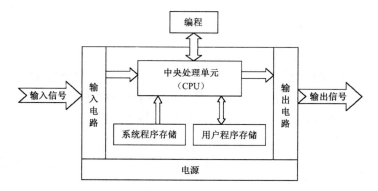

（2）类型（控制规模）

1）微型机，其 I/O 仅几十点。如松下公司的 FP1 系列 PLC，西门子的 Logo 仅 10 点。

2）小型机，其 I/O 可达 100 多点。如 OMRON 公司的 C60P 可达 148 点，CQM1 达 256 点。德国西门子公司的 S7 - 200 机可达 64 点。

3）中型机，其 I/O 可达近 500 点，部分可达 1000 多点。如 OMRON 公司 C200H 机普通配置最多可达 700 多点，C200Ha 机则可达 1000 多点。德国西门子公司的 S7300 机最多可达 512 点。

4）大型机，其 I/O 一般在 1000 点以上。如 OMRON 公司的 C1000H、CV1000，当地配置可达 1024 点，C2000H、CV2000 当地配置可达 2048 点。

5）超大型机，其 I/O 可达万点，甚至几万点。如美国 GE 公司的 90 - 70 机，其点数可达 24000 点，另外还可有 8000 路的模拟量。再如美国莫迪康公司的 PC - E984 - 785 机，其开关量总数为 32k（32768），模拟量有 2048 路。

（3）主要生产厂家

1）德国西门子公司。它有 S5 系列的产品，有 S5 - 95U、100U、115U、135U 及

155U，其中 135U、155U 为大型机，控制点数可达 6000 多点，模拟量可达 300 多路。最近推出的 S7 系列机，有 S7-200（小型）、S7-300（中型）及 S7-400（大型），性能比 S5 大有提高。

2）日本 OMRON 公司。

3）美国 GE 公司、日本 FANAC 合资的 GE-FANAC 的 90-70 机。

4）美国莫迪康公司（施奈德）的 984 机。

5）美国 ROCKWELL-罗克韦尔公司生产的 A-B 系列 PLC。

6）日本三菱公司的 PLC 是较早推广到我国来的，其小型机 FI 前期在国内用得很多，后又推出 FX 系列机，性能有很大提高。

7）日本日立公司生产的 PLC。

8）日本松下公司生产的 PLC。FP1 系列为小型机，结构是箱体式的，尺寸紧凑；FP3 为模块式的，控制规模较大，工作速度也很快，执行基本指令仅 0.1μs。此外还有 FP0、FP3、FPM 等。

9）国内 PLC 厂家。其规模多数不大，最有影响的是华光，它生产多种型号与规格的 PLC，如 SU、SG 等，发展很快，在价格上很有优势，相信在世界 PLC 之林中一定有其位置。

（4）可编程控制器的主要性能指标

其主要性能指标有运行速度、存储容量、I/O 点数、可支持的指令条数。

此外，PLC 还有很多具体的指标，此处不一一详述。

1.2 常用基本指令

1. 初始加载、初始加载非和输出

    LD   初始加载
    LDN   初始加载非
    ＝   输出

（1）简述

LD：以常开触点开始，即读出该触点的状态作为当前的运算结果。

LDN：以常闭触点开始，即读出该触点的状态取反后作为当前的运算结果。

＝：将当前运算结果输出到指定触点。

（2）程序示例

梯形图程序如图 1-1 所示。

语句表程序如下：

    LD   I0.0
    ＝   Q0.0
    LDN   I0.1

```
=     Q0.1
```

（3）示例说明

当输入 I0.0 为 ON，输出 Q0.0 为 ON；I0.0 为 OFF，Q0.0 为 OFF。

当输入 I0.1 为 ON，输出 Q0.1 为 OFF；I0.1 为 OFF，Q0.1 为 ON。

2. 与、与非

```
A     与
AN    与非
```

（1）简述

A：串联常开触点，即把当前状态与该触点的状态相与。

AN：串联常闭触点，即把当前状态与该触点的状态取反后相与。

（2）程序示例

梯形图程序如图 1-2 所示。

语句表程序如下：

```
LD    I0.0
A     I0.1
=     Q0.0
LD    I0.0
AN    I0.1
=     Q0.1
```

（3）示例说明

当 I0.0 为 ON、I0.1 为 ON 时，Q0.0 为 ON。I0.0、I0.1 任意一个为 OFF 时，Q0.0 都为 OFF。

当 I0.0 为 ON、I0.1 为 OFF 时，Q0.1 为 ON。I0.0 为 OFF 或 I0.1 为 ON 时，Q0.1 都为 OFF。

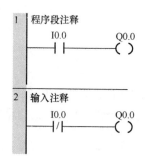

图 1-1　初始加载程序

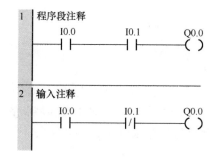

图 1-2　相与程序

3. 或、或非

```
O     或
ON    或非
```

（1）简述

O：并联常开触点，即把当前状态与该触点的状态相或。

ON：并联常闭触点，即把当前状态与该触点的状态取反后相或。

（2）程序示例

梯形图程序如图 1-3 所示。

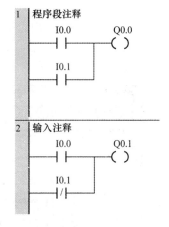

语句表程序如下：

```
LD    I0.0
O     I0.1
=     Q0.0
LD    I0.0
ON    I0.1
=     Q0.1
```

（3）示例说明

当 I0.0 为 OFF、I0.1 为 OFF 时，Q0.0 为 OFF。I0.0、I0.1 任意一个为 ON 时，Q0.0 都为 ON。

图 1-3　相或程序

当 I0.0 为 OFF、I0.1 为 ON 时，Q0.1 为 OFF。I0.0 为 ON 或 I0.1 为 OFF 时，Q0.1 都为 ON。

1.3　简单语句表指令介绍

ALD：与装载指令（ALD），对堆栈第一层和第二层中的值进行逻辑与运算，结果装载到栈顶。执行 ALD 后，栈深度减一。

OLD：或装载指令（OLD），对堆栈第一层和第二层中的值进行逻辑或运算，结果装载到栈顶。执行 OLD 后，栈深度减一。

LPS：逻辑进栈指令（LPS），复制堆栈顶值并将该值推入堆栈，栈底值被推出并丢失。

LRD：逻辑读栈指令（LRD），将堆栈第二层中的值复制到栈顶。此时不执行进栈或出栈，但原来的栈顶值被复制值替代。

LPP：逻辑出栈指令（LPP），将栈顶值弹出，堆栈第二层中的值成为新的栈顶值。

LDSN：装载堆栈指令（LDS），复制堆栈中的栈位（N）值，并将该值置于栈顶，栈底值被推出并丢失。

AENO：AENO 在 LAD/FBD 功能框 ENO 位的 STL 表示中使用。AENO 对 ENO 位和栈顶值执行逻辑与运算，产生的效果与 LAD/FBD 功能框的 ENO 位相同。与操作的结果值成为新的栈顶值。

1.4　ST40 的接线

ST40 是晶体管输出，输入信号的连接和输出的连接需参考图 1-4。

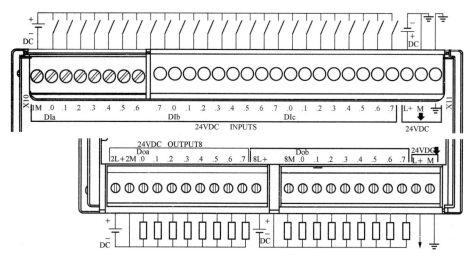

图 1-4　CPU ST40 的模块和信号板接线示意图

1.5　数码管

数码管实际上是由七个发光管组成的 8 字形构成的，加上小数点就是 8 个段。这些段分别由字母 A，B，C，D，E，F，G，DP 来表示，如图 1-5 所示。当数码管特定的段加上电压后，这些特定的段就会发亮，形成我们眼睛看到的数码管字样。

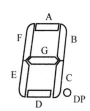

图 1-5　数码管

LED 数码管根据 LED 的接法不同分为共阴和共阳两类。共阴数码管的公共端接负极，其他端接高电平就可点亮，如接低电平则不亮。共阳数码管的公共端接正极，其他端接低电平就可点亮，如接高电平则不亮。表 1-1 所示为共阴数码管编码。

表 1-1　共阴数码管编码

显示	A	B	C	D	E	F	G
0	1	1	1	1	1	1	0
1	0	0	0	0	1	1	0
2	1	1	0	1	1	0	1
3	1	1	1	1	0	0	1

显示	A	B	C	D	E	F	G
4	0	1	1	0	0	1	1
5	1	0	1	1	0	1	1
6	1	0	1	1	1	1	1
7	1	1	1	0	0	0	0
8	1	1	1	1	1	1	1
9	1	1	1	1	0	1	1

1.6　项目实施过程

1. 列出 I/O 分配表

根据控制要求列出 I/O 分配表，见表 1-2。

表 1-2　I/O 分配表

输入	按钮名称	输出	控制功能
I0.0	按钮 0	Q0.0	数码管 A
I0.1	按钮 1	Q0.1	数码管 B
I0.2	按钮 2	Q0.2	数码管 C
I0.3	按钮 3	Q0.3	数码管 D
I0.4	按钮 4	Q0.4	数码管 E
I0.5	按钮 5	Q0.5	数码管 F
I0.6	按钮 6	Q0.6	数码管 G
I0.7	按钮 7		
I1.0	按钮 8		
I1.1	按钮 9		

2. 画电气原理图

根据控制要求设计并画出电气原理图。数码管控制电气原理图如图 1-6 所示。
注意：数码管控制板已接了限流电阻，图中未画出。

3. 准备工具、耗材和元器件

工具、耗材准备：剥线钳、压线钳、斜口钳、螺钉旋具、内六角、万用表、线槽、

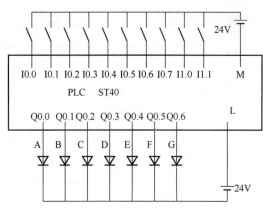

图 1-6 数码管控制电气原理图

捆扎带、各类导线若干。

1）工具箱放于工作台上便于拿到的位置。

2）将准备好的耗材摆放于工作台的合适位置。

3）将 PLC、按钮开关、线槽、数码管控制板取出，放于工作台上。

4. 检测元器件

用万用表检测各按钮开关、数码管等器件。

5. 安装元器件

将各电气元器件摆放、安装在合适的位置。

6. 硬件连线

根据电气原理图完成硬件连线，并注意标准与规范。

1）所连接的导线必须合理压接插针或 U 形插。

2）所压接的插针、U 形插不得有漏铜现象。

3）所连接的导线必须套有号码管，长度不少于 10mm；信号线可用标签纸作为线号书写平台。

4）所连接导线必须进线槽（信号电缆可不进线槽）。

7. 编写程序

1）由表 1-1 可知 Q0.0 即 A 在按下按钮 0、2、3、5、6、7、8、9 时输出高电平，对 Q0.0 编写梯形图程序，如图 1-7 所示。

语句表程序如下：

```
LD    I0.0
O     I0.2
O     I0.3
O     I0.5
O     I0.6
O     I0.7
O     I1.0
O     I1.1
=     Q0.0
```

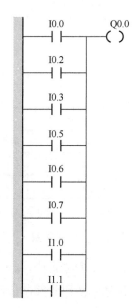

图 1-7 Q0.0 的逻辑

2）由表 1-1 可知 Q0.1 即 B 在按下按钮 0、2、3、4、7、8、9 时输出高电平，对 Q0.1 编写程序，如图 1-8 所示。

语句表程序如下：

```
LD    I0.0
O     I0.2
O     I0.3
O     I0.4
O     I0.7
O     I1.0
O     I1.1
=     Q0.1
```

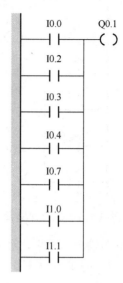

图 1-8　Q0.1 的逻辑

3）由表 1-1 可知 Q0.2 即 C 在按下按钮 0、3、4、5、6、7、8、9 时输出高电平，对 Q0.2 编写程序，如图 1-9 所示。

语句表程序如下：

```
LD    I0.0
O     I0.3
O     I0.4
O     I0.5
O     I0.6
O     I0.7
O     I1.0
O     I1.1
=     Q0.2
```

图 1-9　Q0.2 的逻辑

4）由表 1-1 可知 Q0.3 即 D 在按下按钮 0、2、3、5、6、8、9 时输出高电平，对 Q0.3 编写程序，如图 1-10 所示。

语句表程序如下：

```
LD    I0.0
O     I0.2
O     I0.3
O     I0.5
O     I0.6
O     I1.0
O     I1.1
=     Q0.3
```

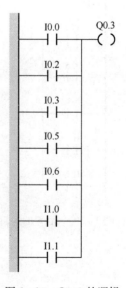

图 1-10　Q0.3 的逻辑

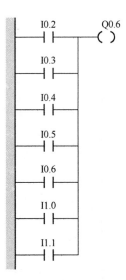

图 1-11 Q0.4 的逻辑

5）由表 1-1 可知 Q0.4 即 E 在按下按钮 0、1、2、6、8 时输出高电平，对 Q0.4 编写程序，如图 1-11 所示。

语句表程序如下：

```
LD    I0.0
O     I0.1
O     I0.2
O     I0.6
O     I1.0
=     Q0.4
```

6）由表 1-1 可知 Q0.5 即 F 在按下按钮 0、1、4、5、6、8、9 时输出高电平，对 Q0.5 编写程序，如图 1-12 所示。

语句表程序如下：

```
LD    I0.0
O     I0.1
O     I0.4
O     I0.5
O     I0.6
O     I1.0
O     I1.1
=     Q0.5
```

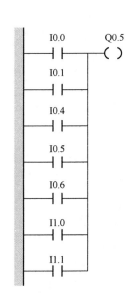

图 1-12 Q0.5 的逻辑

7）由表 1-1 可知 Q0.6 即 G 在按下按钮 2、3、4、5、6、8、9 时输出高电平，对 Q0.6 编写程序，如图 1-13 所示。

语句表程序如下：

```
LD    I0.2
O     I0.3
O     I0.4
O     I0.5
O     I0.6
O     I1.0
O     I1.1
=     Q0.6
```

图 1-13 Q0.6 的逻辑

8. 把程序传入 PLC 并运行

9. 系统调试

10. 完成相关表格填写（表 1-3～表 1-5）

表 1-3　能力监测表

	目标	1	2	3	4	5	观察到的行为
PC	工作过程的计划						
	工作的执行						
	工作的评估						
MC	软、硬件的设计						
	结果的展示						
	信息的获取						
SC	小组成员的合作						
	同学之间的互相支持						
IC	工作认真负责						
	工作专心						

注：1. PC——专业能力；MC——方法能力；SC——社会能力；IC——个人能力。

　　2. 1——一直或非常好；2——经常或好；3——有时或一般；4——极少或及格；5——从未或不足。

表 1-4　工作过程记录表

项目	组成	具体内容	1	2	3	4	5
文档记录形式要求	封面	姓名/小组					
		班级					
		日期					
		课题					
	目录						

续表

项目	组成	具体内容	1	2	3	4	5
文档记录内容	时间表						
	日程表	今天应该干什么					
		今天完成了什么					
		尚未解答的问题					
		接下来要干什么					
	描述/原因、阐释						
	问题及解决方案						
展示形式要求	结构与安排						
	简明性						
	简洁易懂						
展示内容	时间表						
	①解决方案可能性 ②技术细节 ③原因						
	对所出现的问题及其解决方案的展示						

表 1-5 各步骤完成情况

子任务	预计完成时间	实际完成时间	完成情况	备注
写出 I/O 分配表				
画出硬件连接线路图				
软件编程				
仿真调试				
系统调试				

项目 2 抢答器控制

 项目描述

　　本项目参照公司模式以承接项目的形式给定任务，学生按照任务要求设计电气原理图，在 YL-163A 设备上完成抢答器的控制。

 项目目标

　　知识目标☞

　　1. 了解 PLC 控制系统的概念，PLC 的定义、发展和分类。

　　2. 理解 PLC 的初始置位、复位、上升沿、下降沿等基本指令。

　　能力目标☞

　　1. 会输入 PLC 的基本指令。

　　2. 会连接按钮开关与 PLC。

　　3. 具有一定的计划能力、自我组织能力和社交能力。

　　教学空间☞

　　电教室 1 间；实训室 1 间，亚龙 YL-163A 型电动机装配与运行检测实训考核装置 10 套。

控制要求

　　智力抢答器系统控制要求：主持人有一个开关控制五个抢答组，当主持人说出题目后，任一组抢先按下按钮，则该组指示灯亮，同时锁住抢答器，使其他四组抢答器抢答无效。只有主持人再次按下按钮之后，五组数码管所显示的编号被复位，抢答者方可重新开始抢答。

📑 工作任务

教师工作任务☞

1. 创设学习情境，概述本项目任务要求，有条件的可播放各种使用抢答器场合的视频。

2. 与学生互动，交流有关各种抢答器的信息。

3. 设计相关表格要求学生填写。

4. 监测、掌控小组进度。

5. 评价小组成果及小组成员能力。

小组工作任务☞

1. 观察、理解各种场合的抢答器的控制情况。

2. 列出抢答器控制的方式（至少3种）。

3. 与教师讨论小组的决定。在小组中为此准备一个简短的展示（幻灯片），包括下列主题：抢答器控制要求；硬件电路图。

4. 阐述硬件连接方案及编程思路并阐释理由（口头）。

5. 写出 I/O 分配表。

6. 画出硬件连接线路图并安装连接。

7. 软件编程。

8. 仿真调试。

9. 系统调试。

10. 执行所计划的任务并记录完成情况。

11. 小组自评及互评。

依照完整的行动模式和以行动为导向的课堂设计完成咨询、计划、决策、实施、检查/展示、评估的教学过程。

2.1 基本指令

1. 置位与复位

S   置位

R   复位

SI   立即置位

RI   立即复位

（1）简述

S：当触发信号为高电平，输出高电平并保持（新值写入过程映像寄存器）。

R：当触发信号为高电平，输出低电平并保持（新值写入过程映像寄存器）。

SI：当触发信号为高电平，输出高电平并保持（将新值写入到物理输出点和相应的过程映像寄存器位置）。

RI：当触发信号为高电平，输出低电平并保持（将新值写入到物理输出点和相应的过程映像寄存器位置）。

（2）程序示例

梯形图程序如图 2-1 所示。

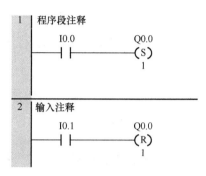

语句表程序如下：

```
        LD      I0.0
        S       Q0.0,1
        LD      I0.1
        R       Q0.0,1
```

图 2-1　置位/复位指令

（3）示例说明

在这个程序中，只要 I0.0 一为 ON，Q0.0 立刻为 ON，即使以后 X0 变为 OFF，Q0.0 也一直保持 ON；但只要 I0.1 一为 ON，Q0.0 立刻为 OFF，即使以后 I0.1 又变为 OFF，Q0.0 依然保持 OFF。

2．上升沿微分和下降沿微分

```
        EU      上升沿微分
        ED      下降沿微分
```

（1）简述

EU：当触发信号来了一个上升沿，即从低电平变为高电平时，输出一个扫描周期的脉冲信号。

ED：当触发信号来了一个下降沿，即从高电平变为低电平时，输出一个扫描周期的脉冲信号。

注意：一个扫描周期的时间只有几微秒到几百微秒。

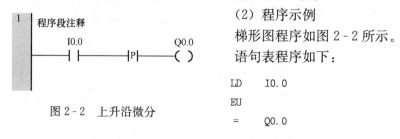

图 2-2　上升沿微分

（2）程序示例

梯形图程序如图 2-2 所示。

语句表程序如下：

```
        LD      I0.0
        EU
        =       Q0.0
```

（3）示例说明

在这个程序中，当 I0.0 从 OFF 变为 ON 时，观察 Q0.0 的状态会发现 Q0.0 好像一直保持低电平。那么，Q0.0 有没有输出脉冲信号呢？实际上，它已经输出了，只是时间太短，我们无法看到而已。为证实 Y0 是否输出了脉冲信号，我们采用下面的程序，如图 2-3 所示。

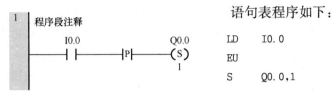

图 2-3 下降沿微分

语句表程序如下：

```
LD    I0.0
EU
S     Q0.0,1
```

在图 2-3 的程序中，当 I0.0 从 OFF 变为 ON 时，即来了一个上升沿，输出一个扫描周期的脉冲信号，此脉冲又去置位 Q0.0，Q0.0 将输出 ON 并保持。

2.2 项目实施过程

1. 列出 I/O 分配表

根据控制要求列出 I/O 分配表，见表 2-1。

表 2-1 I/O 分配表

输入	按钮名称	输出	控制功能
I0.0	第一组抢答按钮	Q0.0	第一组指示灯
I0.1	第二组抢答按钮	Q0.1	第二组指示灯
I0.2	第三组抢答按钮	Q0.2	第三组指示灯
I0.3	第四组抢答按钮	Q0.3	第四组指示灯
I0.4	第五组抢答按钮	Q0.4	第五组指示灯
I0.5	开始复位按钮		

2. 画电气原理图

设计并画出电气原理图，如图 2-4 所示。

3. 准备工具、耗材和元器件

工具、耗材准备：剥线钳、压线钳、斜口钳、螺钉旋具、内六角、万用表、线槽、捆扎带、各类导线若干。

1）工具箱放于工作台上便于拿到的位置。

2）将准备好的耗材摆放于工作台合适的位置。

3）将 PLC、按钮开关、线槽取出，放于工作台上。

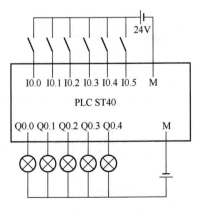

图 2-4 抢答器电气原理图

4. 检测元器件

用万用表检测各按钮开关等器件。

5. 安装元器件

将各电气元器件摆放、安装在合适的位置。

6. 硬件连线

根据电气原理图完成硬件连线，并注意标准与规范。

1）所连接的导线必须合理压接插针或 U 形插。

2）所压接的插针、U 形插不得有漏铜现象。

3）所连接的导线必须套有号码管，长度不少于 10mm；信号线可用标签纸作为线号书写平台。

4）所连接导线必须进线槽（信号电缆可不进线槽）。

7. 编写程序

第一组指示灯 Q0.0 亮的条件是按下 I0.0，且是在其他组指示灯不亮的情况下，即要求互锁，编写的程序如图 2-5 所示。

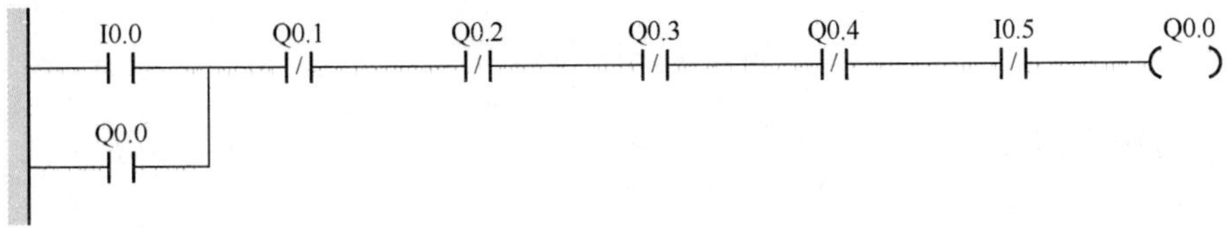

图 2-5 Q0.0 的逻辑

语句表程序如下：

```
LD    I0.0
O     Q0.0
AN    Q0.1
AN    Q0.2
AN    Q0.3
AN    Q0.4
AN    I0.5
=     Q0.0
```

第二组指示灯 Q0.1 亮的条件是按下 I0.1，且是在其他组指示灯不亮的情况下，即要求互锁，编写的程序如图 2-6 所示。

语句表程序如下：

```
LD    I0.1
O     Q0.1
```

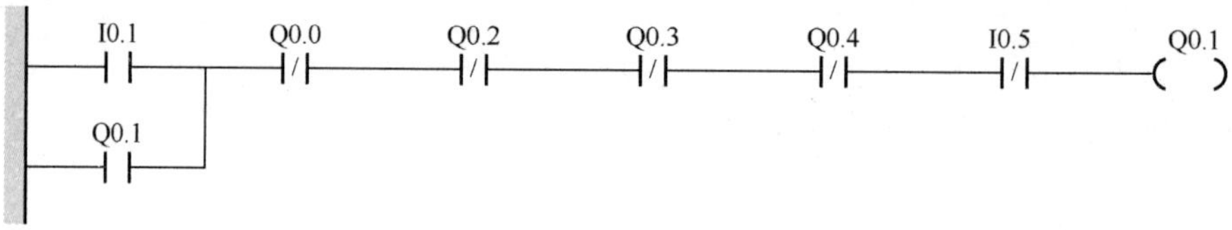

图 2-6　Q0.1 的逻辑

```
AN    Q0.0
AN    Q0.2
AN    Q0.3
AN    Q0.4
AN    I0.5
=     Q0.1
```

第三组指示灯 Q0.2 亮的条件是按下 I0.2，且是在其他组指示灯不亮的情况下，即要求互锁，编写的程序如图 2-7 所示。

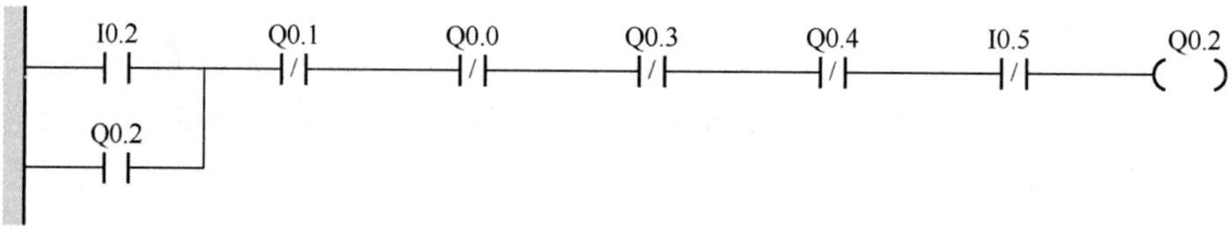

图 2-7　Q0.2 的逻辑

语句表程序如下：

```
LD    I0.2
O     Q0.2
AN    Q0.1
AN    Q0.0
AN    Q0.3
AN    Q0.4
AN    I0.5
=     Q0.2
```

第四组指示灯 Q0.3 亮的条件是按下 I0.3，且是在其他组指示灯不亮的情况下，即要求互锁，编写的程序如图 2-8 所示。

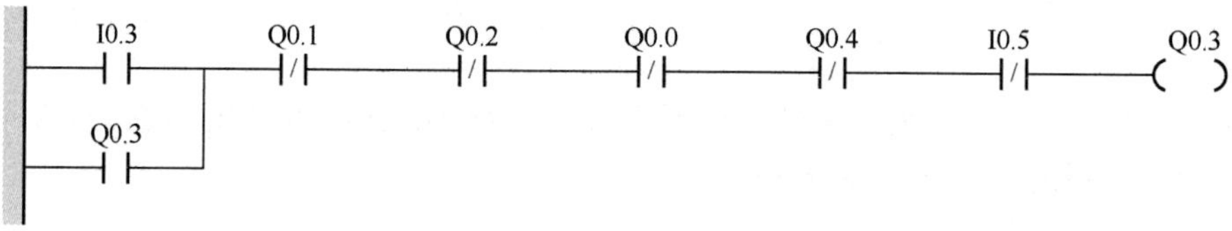

图 2-8　Q0.3 的逻辑

语句表程序如下：

```
LD    I0.3
O     Q0.3
AN    Q0.1
AN    Q0.2
AN    Q0.0
AN    Q0.4
AN    I0.5
=     Q0.3
```

第五组指示灯 Q0.4 亮的条件是按下 I0.4，且是在其他组指示灯不亮的情况下，即要求互锁，编写的程序如图 2-9 所示。

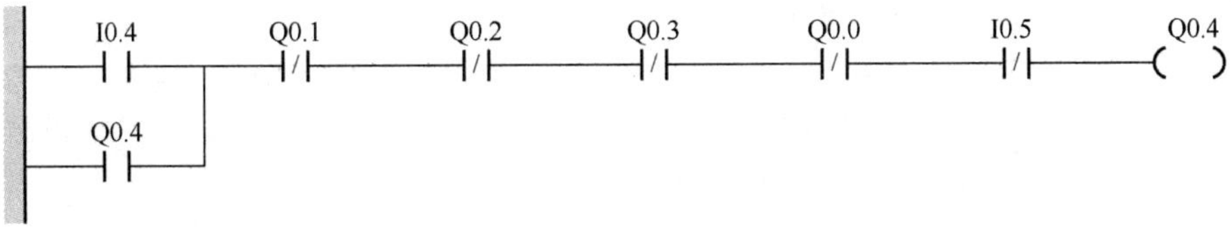

图 2-9 Q0.4 的逻辑

语句表程序如下：

```
LD    I0.4
O     Q0.4
AN    Q0.1
AN    Q0.2
AN    Q0.3
AN    Q0.0
AN    I0.5
=     Q0.4
```

8. 把程序传入 PLC 并运行

9. 系统调试

10. 完成相关表格填写

表格可与项目 1 中表 1-3～表 1-5 相同，也可自己设计。

项目 3 用计数器的数码管显示控制

 项目描述

本项目参照公司模式以承接项目的形式给定任务，学生按照任务要求设计电气原理图，在 YL-163A 设备上完成用计数器的数码管显示的控制。

 项目目标

知识目标☞

1. 了解 PLC 控制系统的概念。

2. 理解 PLC 的置位优先、复位优先、计数器等基本指令。

能力目标☞

1. 会输入 PLC 的基本指令。

2. 会连接按钮开关与 PLC。

3. 会连接 PLC 与数码管。

4. 具有一定的计划能力、自我组织能力和社交能力。

教学空间☞

电教室 1 间；实训室 1 间，亚龙 YL-163A 型电动机装配与运行检测实训考核装置 10 套。

控制要求

控制板通电时，数码管无显示；按下启动按钮一次，则七段数码管显示数字 1；按两次七段数码管显示数字 2；按三次七段数码管显示数字 3；再按启动按钮，数码管复位无显示；继续按启动按钮，数码管又显示 1，实现循环。任何时候按下停止按钮，数码管无显示。

📑 工作任务

教师工作任务☞

1. 创设学习情境，概述本项目，有条件的可播放七段数码管多种显示效果的视频。

2. 与学生互动，交流有关七段数码管的信息。

3. 设计相关表格要求学生填写。

4. 监测、掌控小组进度。

5. 评价小组成果及小组成员能力。

小组工作任务☞

1. 了解七段数码管控制的应用场合和控制情况。

2. 列出七段数码管显示不同数字时各数码管的状态（至少 3 种）。

3. 与教师讨论小组的决定。在小组中为此准备一个简短的展示（幻灯片），包括下列主题：七段数码管控制要求；硬件电路图。

4. 阐述硬件连接方案及编程思路，并阐释理由（口头）。

5. 写出 I/O 分配表。

6. 画出硬件连接线路图并安装连接。

7. 软件编程。

8. 仿真调试。

9. 系统调试。

10. 执行所计划的任务并记录完成情况。

11. 小组自评及互评。

依照完整的行动模式、以行动为导向的课堂设计完成咨询、计划、决策、实施、检查/展示、评估的教学过程。

3.1　基本指令

1. 置位与复位优先双稳态触发器

SR　置位优先双稳态触发器

RS　复位优先双稳态触发器

（1）简述

SR：一种置位优先锁存器，如果置位（S1）和复位（R）信号均为真，则输出

（OUT）为真。

RS：一种复位优先锁存器，如果置位（S）和复位（R1）信号均为真，则输出（OUT）为假。

（2）程序示例

1）SR 的梯形图程序如图 3-1 所示。

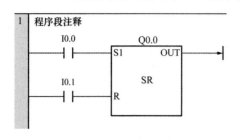

图 3-1　置位优先

语句表程序如下：

```
LD    I0.0
LD    I0.1
NOT
A     Q0.0
OLD
=     Q0.0
```

在这个程序中，只要 I0.0 一为 ON，Q0.0 立刻为 ON，即使以后 I0.0 变为 OFF，Q0.0 也一直保持 ON；但只要 I0.1 一为 ON，Q0.0 立刻为 OFF，即使以后 I0.1 又变为 OFF，Q0.0 依然保持 OFF；当 I0.0 和 I0.1 同时为 ON 时，由于是置位优先，Q0.0 输出为 ON。

2）RS 的梯形图程序如图 3-2 所示。

语句表程序如下：

```
LD    I0.0
LD    I0.1
NOT
LPS
A     Q0.0
=     Q0.0
LPP
ALD
O     Q0.0
=     Q0.0
```

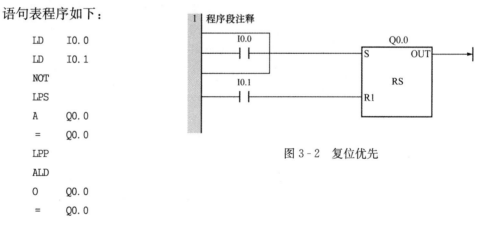

图 3-2　复位优先

在这个程序中，只要 I0.0 一为 ON，Q0.0 立刻为 ON，即使以后 I0.0 变为 OFF，Q0.0 也一直保持 ON；但只要 I0.1 一为 ON，Q0.0 立刻为 OFF，即使以后 I0.1 又变为 OFF，Q0.0 依然保持 OFF；当 I0.0 和 I0.1 同时为 ON 时，由于是复位优先，Q0.0 输出为 OFF。

2. 加减计数器

```
CTU    加计数器
CTD    减计数器
CTUD   加减计数器
```

（1）简述

CTU：每次 CU 加计数输入从关断转换为接通时，CTU 加计数指令就会从当前值开始加计数。当前值 C×××大于或等于预设值 PV 时，计数器位 C×××接通。当复位输入 R 接通或对 C×××地址执行复位指令时，当前计数值会复位。达到最大值 32,767 时，计数器停止计数。

CTD：每次 CD 减计数输入从关断转换为接通时，CTD 减计数指令就会从计数器的当前值开始减计数。当前值 C×××等于 0 时，计数器位 C×××打开。LD 装载输入接通时，计数器复位计数器位 C×××并用预设值 PV 装载当前值。达到零后，计数器停止，计数器位 C×××接通。

CTUD：每次 CU 加计数输入从关断转换为接通时，CTUD 加/减计数指令就会加计数，每次 CD 减计数输入从关断转换为接通时，该指令就会减计数。计数器的当前值 C×××保持当前计数值。每次执行计数器指令时，都会将 PV 预设值与当前值进行比较。达到最大值 32,767 时，加计数输入处的下一上升沿导致当前计数值变为最小值－32,768。达到最小值－32,768 时，减计数输入处的下一上升沿导致当前计数值变为最大值 32,767。当前值 C×××大于或等于 PV 预设值时，计数器位 C×××接通，否则计数器位关断。当 R 复位输入接通或对 C×××地址执行复位指令时，计数器复位。

（2）程序示例

梯形图程序如图 3-3 所示。

语句表程序如下：

```
LD    I0.0
LD    I0.1
CTU   C1,4
LD    C1
=     Q0.0
```

（3）示例说明

在这个程序中，C 后所跟的数字 1 指的是第几个计数器，PV 后所跟的是计数常数，第一个 LD 后所跟的 I0.0 是计数端，第二个 LD 后所跟的 I0.1 是复位端。

当 I0.0 为 ON 四次后，Q0.0 为 ON。无论 I0.0 已计数几次，只要 I0.1 为 ON，计数器都会恢复为初始状态。

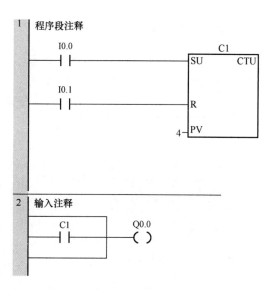

图 3-3　计数器指令

3.2 项目实施过程

1. 列出 I/O 分配表

根据控制要求列出 I/O 分配表，见表 3-1。

表 3-1 I/O 分配表

输入	按钮名称	输出	控制功能
I0.0	按钮 0	Q0.0	数码管 A
I0.1	按钮 1	Q0.1	数码管 B
		Q0.2	数码管 C
		Q0.3	数码管 D
		Q0.4	数码管 E
		Q0.5	数码管 F
		Q0.6	数码管 G

2. 画电气原理图

根据控制要求设计并画出电气原理图，如图 3-4 所示。

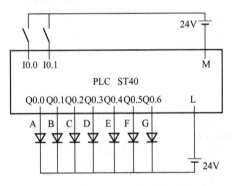

图 3-4 数码管控制板电气原理图

注意： 数码管控制板已接了限流电阻，图中未画出。

3. 准备工具、耗材和元器件

工具、耗材准备：剥线钳、压线钳、斜口钳、螺钉旋具、内六角、万用表、线槽、捆扎带、各类导线若干。

1）工具箱放于工作台上便于拿到的位置。

2）将准备好的耗材摆放于工作台的合适位置。

3）将 PLC、按钮开关、线槽、数码管控制板取出，放于工作台上。

4. 检测元器件

用万用表检测各按钮开关、数码管等器件。

5. 安装元器件

将各电气元器件摆放、安装在合适的位置。

6. 硬件连线

根据电气原理图完成硬件连线，并注意标准与规范。

1）所连接的导线必须合理压接插针或 U 形插。

2）所压接的插针、U 形插不得有漏铜现象。

3）所连接的导线必须套有号码管，长度不少于 10mm；对信号线可用标签纸作为线号书写平台。

4）所连接的导线必须进线槽（信号电缆可不进线槽）。

7. 编写程序

1）根据控制要求以 I0.0 为计数输入端启动四个定时器，I0.1 为复位端；同时，为显示方便，后一个计数器计数值到时将复位前一计数器，编写梯形图程序，如图 3 - 5 所示。

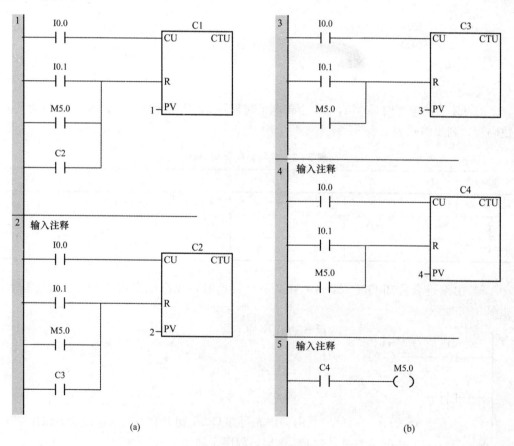

(a)   (b)

图 3 - 5 定时器程序

语句表程序如下：

```
LD   I0.0
```

```
LD    I0.1
O     M5.0
O     C2
CTU   C1,1
LD    I0.0
LD    I0.1
O     M5.0
O     C3
CTU   C2,2
LD    I0.0
LD    I0.1
O     M5.0
CTU   C3,3
LD    I0.0
LD    I0.1
O     M5.0
CTU   C4,4
LD    C4
=     M5.0
```

2) C1 为高电平时显示 1，C2 为高电平时显示 2，C3 为高电平时显示 3，且为共阴数码管，列出编码表（表 3-2）。

表 3-2　共阴数码管编码表

定时器	显示	A	B	C	D	E	F	G
C1	1	0	0	0	0	1	1	0
C2	2	1	1	0	1	1	0	1
C3	3	1	1	1	1	0	0	1

3) 由编码表可知 Q0.0 即 A 在 C2、C3 接通时输出高电平，对 Q0.0 编写程序，如图 3-6 所示。

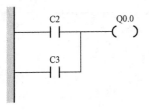

图 3-6　Q0.0 的逻辑

语句表程序如下：

```
LD    C2
O     C3
=     Q0.0
```

4) 由编码表可知 Q0.1 即 B 在 C2、C3 接通时输出高电平，对 Q0.1 编写程序，如图 3-7 所示。

语句表程序如下：

```
LD    C2
O     C3
=     Q0.1
```

5) 由编码表可知 Q0.2 即 C 在 C3 接通时输出高电平, 对 Q0.2 编写程序, 如图 3-8 所示。

语句表程序如下:

```
LD    C3
=     Q0.2
```

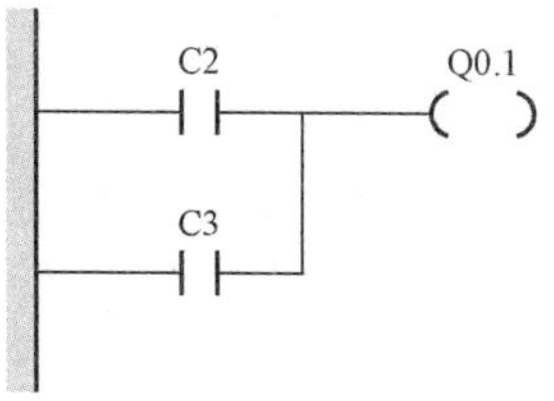

图 3-7　Q0.1 的逻辑

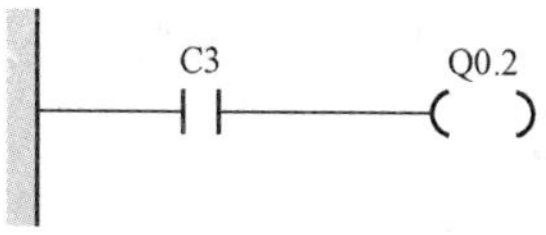

图 3-8　Q0.2 的逻辑

6) 由编码表可知 Q0.3 即 D 在 C2、C3 接通时输出高电平, 对 Q0.3 编写程序, 如图 3-9 所示。

语句表程序如下:

```
LD    C2
A     C3
=     Q0.3
```

7) 由编码表可知 Q0.4 即 E 在 C1、C2 接通时输出高电平, 对 Q0.4 编写程序, 如图 3-10 所示。

语句表程序如下:

```
LD    C1
A     C2
=     Q0.4
```

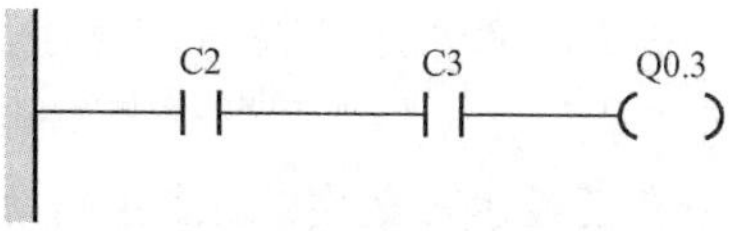

图 3-9　Q0.3 的逻辑

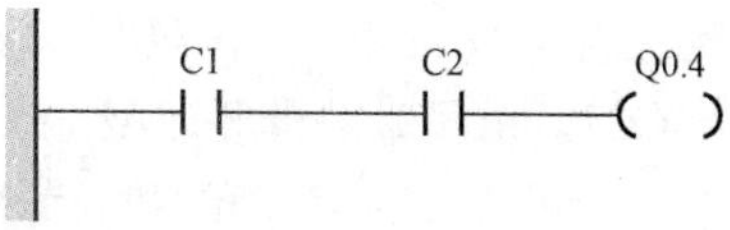

图 3-10　Q0.4 的逻辑

8) 由编码表可知 Q0.5 即 F 在 C1 接通时输出高电平, 对 Q0.5 编写程序, 如图 3-11 所示。

语句表程序如下:

```
LD    C1
=     Q0.5
```

9) 由编码表可知 Q0.6 即 G 在 C2、C3 接通时输出高电平, 对 Q0.6 编写程序, 如图 3-12 所示。

语句表程序如下：

```
LD    C2
A     C3
=     Q0.6
```

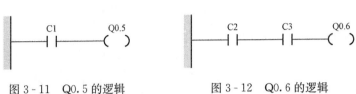

图 3-11　Q0.5 的逻辑　　　　　　　图 3-12　Q0.6 的逻辑

8. 把程序传入 PLC 并运行

9. 系统调试

10. 完成相关表格填写

拓展训练

下面有两种不同的交通灯控制方式，请完成以上训练的同学试着完成。

1. 七段数码管控制方式（二）

控制板通电时，数码管无显示，按启动按钮七段数码管全亮，按不同的按钮可以让其显示不同的数字并保持，如按按钮 3，则七段数码管显示数字 3 并保持；再按按钮 4 时，七段数码管直接跳变为数字 4；如此显示数字 0～9。无论何时按停止按钮时，数码管熄灭无显示。

2. 七段数码管控制方式（三）

控制板通电时，数码管无显示，控制七段数码管按照一定的笔画顺序显示某一数字。如按启动按钮 0，七段数码管显示的数字是 2，放开启动按钮，数字 2 消失，按笔画按钮 1，七段数码管显示数字 2 的第一笔"一"并保持，再按笔画按钮 2，七段数码管显示数字 2 的第二笔"｜"并保持……直至显示出数字 2。无论何时按停止按钮，系统复位；再按启动按钮后，均可以完成上述过程，可以显示 0～9 之间的任意一位数字。

项目  电动机正反转控制

 项目描述

本项目参照公司模式以承接项目的形式给定任务，学生按照任务要求设计电气原理图，在 YL-163A 设备上完成电动机正反转的控制。

项目目标

知识目标☞

1. PLC 的输出类型，西门子 S7-200 SMART 的类型特点。
2. 理解 PLC 的输入回路的工作原理。

能力目标☞

1. 会输入 PLC 的基本指令。
2. 会连接按钮开关、传感器与 PLC。
3. 会连接电动机正反转控制电路。
4. 会 S7-200 SMART ST40 的简单组态。
5. 具有一定的计划能力、自我组织能力和社交能力。

教学空间☞

电教室 1 间；实训室 1 间，亚龙 YL-163A 型电动机装配与运行检测实训考核装置 10 套。

控制要求

双重互锁的正反转控制：这种控制方式可以实现正—反—停或反—正—停的控制。按下正转按钮，电动机正转，当电动机正转时直接按反转按钮，电动机从正转变为反转。同样，当电动机反转时直接按正转按钮，电动机从反转变为正转。无论电动机在正转还是反转，按下停止按钮或电动机过载，电动机都应断电。

工作任务

教师工作任务☞

1. 创设学习情境，概述本项目，有条件的可播放工厂车间中各种电动机正反转控制的视频。

2. 与学生互动，交流有关正反转的信息。

3. 设计相关表格要求学生填写。

4. 监测、掌控小组进度。

5. 评价小组成果及小组成员能力。

小组工作任务☞

1. 了解电动机正反转控制的应用场合和控制情况。

2. 和小组成员列出电动机正反转控制的应用场景（至少3种）。

3. 与教师讨论小组的决定。在小组中为此准备一个简短的展示（幻灯片），包括下列主题：电动机正反转控制要求；硬件电路图。

4. 阐述硬件连接方案及编程思路并阐释理由（口头）。

5. 写出 I/O 分配表。

6. 画出硬件连接线路图并安装连接。

7. 软件编程。

8. 仿真调试。

9. 系统调试。

10. 执行所计划的任务并记录完成情况。

11. 小组自评及互评。

依照完整的行动模式、以行动为导向的课堂设计来完成咨询、计划、决策、实施、检查/展示、评估的教学过程。

4.1　输入信号与 PLC 的连接

在 PLC 的应用技术中，特别对使用者来说，PLC 输入信号的连接是比较重要的一环。但由于 PLC 输入点内部的电路涉及信号采集、光电耦合等方面，比较复杂，所以很少提到 PLC 输入回路的工作过程及原理，仅提供 PLC 输入回路原理图，让大家照图接线。这样，教学中，经过几个实训项目后大部分学生对 PLC 输入回路按图接线都没有问题。但如没有原理图，仅仅是给几个输入按钮和传感器，要求与 PLC 的输入点连接，基本上都是无法完成的。这主要是在 PLC 输入回路的连接过程中，我们都只是按原理图接线，而 PLC 输入回路原理图的工作过程及原理一般都不予介绍。

为便于理解，对于大部分的 PLC 我们可以把它的输入点 I 与公共端 M 等效为一个灯泡连接，如图 4-1 所示，其他的厂家如松下、三菱，则是输入 X 与 COM 端等效为一个灯泡连接，这样要想把输入信号接入 PLC，只需输入形成一个电流回路即可。

1. 按钮开关与 PLC 的连接

按钮开关一般有一组常开，一组常闭，以接常开为例，按图 4-2 连接（图中 24V 直流电源左正右负）。

从图 4-2 中可以看出，只要开关合上，形成电流回路，灯泡通电点亮，输入点 I0.0 接通变为高电平。从图中可以看出，无论电源是左正右负，还是左负右正，

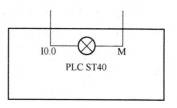

图 4-1　输入点等效

只要开关合上，灯泡通电点亮，输入点 I0.0 接通变为高电平，所以也可按图 4-3 所示连接（图中 24V 直流电源左负右正）。

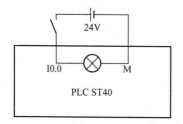

图 4-2　按钮开关输入（一）

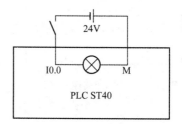

图 4-3　按钮开关输入（二）

2. 两线制数字量传感器接近开关与 PLC 的连接

磁性开关一般有两根线，一根为棕线或红线，一根为蓝线或黑线。接线规则是棕线或红线接靠近正极的地方，蓝线或黑线接靠近负极的地方。

（1）磁性开关与 PLC 的连接方法一

从图 4-4 中可以看出，蓝线接的是负极，棕线接输入点 I0.0，公共端 M 接电源正极。当磁性开关检测到磁性物体闭合时，形成电流回路，灯泡通电，输入点 I0.0 接通变为高电平。在此图中电源的方向不可改变。棕线接输入点 I0.0 后，蓝线必须接负极，公共端 M 必须接正极。如蓝线接正极，M 接负极，是无法形成电流回路的，如接成图 4-5 是不能工作的。

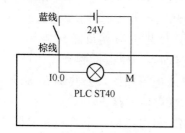

图 4-4　磁性开关输入（一）

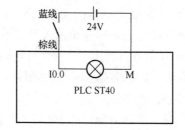

图 4-5　磁性开关错误的输入（一）

在图 4-5 中电源左正右负，磁性开关蓝线接正极，棕线靠近负极，磁性开关不工作，输入无法形成回路。

（2）磁性开关与 PLC 的连接方法二

从图 4-6 中可以看出，棕线接的是正极，蓝线接输入点 I0.0，公共端 M 接电源负极。当磁性开关检测到磁性物体闭合时，形成电流回路，灯泡通电，输入点 I0.0 接通变为高电平。在此图中电源的方向也不可改变。蓝线接输入点 I0.0 后，棕线必须接正极，公共端 M 必须接负极。如棕线接负极，M 接正极，是无法形成电流回路的，如接成图 4-7 是不能工作的。

在图 4-7 中电源左负右正，磁性开关棕线接负极，蓝线靠近正极，磁性开关不工作，输入无法形成回路。

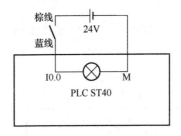 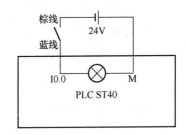

图 4-6　磁性开关输入（二）　　　　　　图 4-7　磁性开关错误的输入（二）

3. 三线制数字量传感器接近开关与 PLC 的连接

三线制传感器一般有棕、黑、蓝三根线，接线规则是棕接正、蓝接负、黑接输入。此时，公共端 M 接正极还是负极呢？这跟该传感器是 NPN 型还是 PNP 型有关。

（1）传感器为 NPN 型时

NPN 型传感器的定义是当传感器检测到物体产生动作时，黑线输出低电平。我们可以理解为 NPN 型传感器的黑线与蓝线相当于开关，即传感器检测到物体产生动作时，黑线和蓝线接通，则要想输入形成电流回路，公共端 M 接正极。

从图 4-8 中可以看出，NPN 型传感器工作时即当传感器检测到物体产生动作时，黑线输出低电平，也就是图中开关闭合，要想形成电流回路，公共端 M 必须接正极，灯泡通电点亮。如果公共端 M 接负极，则无法形成电流回路。

（2）传感器为 PNP 型时

PNP 型传感器的定义是当传感器检测到物体产生动作时，黑线输出高电平。我们可以理解为 PNP 型传感器的黑线与棕线相当于开关，即传感器检测到物体产生动作时，黑线和棕线接通，则要想输入形成电流回路，公共端 M 接负极。

从图 4-9 中可以看出，PNP 型传感器工作时即当传感器检测到物体产生动作时，黑线输出高电平，也就是图中开关闭合，要想形成电流回路，公共端 M 必须接负极，灯泡通电点亮。如果公共端 M 接正极，则无法形成电流回路。

注意：对一些分漏型和源型的 PLC 输入回路，也可以用一个灯泡和二极管串联来等效。

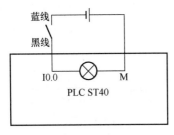

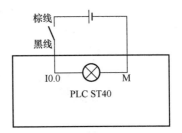

图 4-8　三线制开关输入（一）　　　　图 4-9　三线制开关输入（二）

4.2　S7200 SMART 的类型及特点

1. PLC 的输出类型

PLC 的输出主要有三种，即继电器输出、晶体管输出和晶闸管输出。

S7200 SMART 的型号有标准继电器输出型 CPU - SR20/SR40/SR60、标准晶体管输出型 CPU - ST40/ST60 和经济继电器输出型 CPU - CR40。

2. S7200 SMART 的特点

（1）机型丰富，更多选择

提供不同类型、I/O 点数丰富的 CPU 模块，单体 I/O 点数最高可达 60 点，可满足大部分小型自动化设备的控制需求。另外，CPU 模块配备标准型和经济型供用户选择，对于不同的应用需求，产品配置更加灵活，最大限度地控制成本。

（2）选件扩展，精确定制

新颖的信号板设计可扩展通信端口、数字量通道、模拟量通道。在不额外占用电控柜空间的前提下，信号板扩展能更加贴合用户的实际配置，提升产品的利用率，同时降低用户的扩展成本。

（3）高速芯片，性能卓越

配备西门子专用高速处理器芯片，基本指令执行时间可达 0.15μs，在同级别小型 PLC 中遥遥领先。一颗强有力的"芯"，能让用户在应对繁琐的程序逻辑、复杂的工艺要求时从容不迫。

（4）以太互联，经济便捷

CPU 模块本体标配以太网接口，集成了强大的以太网通信功能。一根普通的网线即可将程序下载到 PLC 中，方便快捷，省去了专用编程电缆。通过以太网接口还可与其他 CPU 模块、触摸屏、计算机进行通信，轻松组网。

3. 模块扩展

晶体管输出的 ST40 本机自带的输出只能带直流电，而控制正反转的接触器为交流接触器，需要添加继电器输出的扩展模块 EM DR08 来控制 KM1 和 KM2。添加模块的方式很简单，把硬件加入后在编程软件中双击系统块，如图 4 - 10 中箭头处即可。

双击后出现系统块菜单，如图 4 - 11 所示。

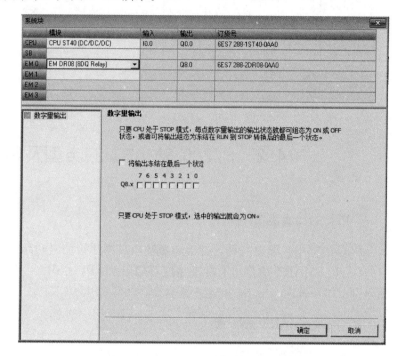

图 4 - 10　项目树菜单　　　　　　　　　　　图 4 - 11　系统块菜单

在系统块菜单中 EM0 处点倒三角形，在出现的设备中选择 EM DR08 （8DQ Relay），从图 4 - 11 中可看出它的地址编码为 Q8. X。

4.3　项目实施过程

1. 列出 I/O 分配表

根据控制要求列出 I/O 分配表 （表 4 - 1）。

表 4 - 1　I/O 分配表

输入	名称	输出	控制功能
I0.0	停止按钮		
I0.1	正转按钮	Q8.1	正转接触器 KM1
I0.2	反转按钮	Q8.2	反转接触器 KM2
I0.3	热继电器常闭		

2. 设计并画出电气原理图

电动机正反转主回路电气原理图参见图 4-12，PLC 控制回路参见图 4-13。

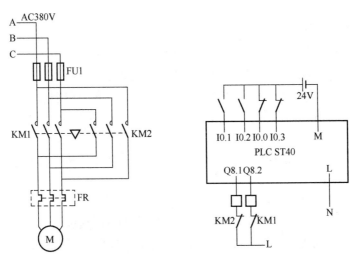

图 4-12　电动机正反转主回路　　　　图 4-13　PLC 控制回路

注意：图 4-13 中与 KM1、KM2 相连的 L 表示的是 220V 交流电的火线，与 PLC 公共端相连的 N 表示的是 220V 交流电的零线。

3. 准备工具、耗材和元器件

工具、耗材准备：剥线钳、压线钳、斜口钳、螺钉旋具、内六角、万用表、线槽、捆扎带、各类导线若干。

1) 工具箱放于工作台上便于拿到的位置。

2) 将准备好的耗材摆放于工作台合适的位置。

3) 将 PLC、按钮开关、线槽、交流接触器、电动机取出，放于工作台上。

4. 检测元器件

用万用表检测各按钮开关、接触器等器件。

5. 安装元器件

将各电气元器件摆放、安装在合适的位置。

6. 硬件连线

根据电气原理图完成硬件连线，注意标准与规范。

在完成工作任务的全过程中，严格遵守电气安装和电气维修的安全操作规程。电气安装中，低压电器安装参照《电气装置安装工程低压电器施工及验收规范》（GB 50254—1996）验收。

1）所连接的导线必须合理压接插针或 U 形插。

2）所压接的插针、U 形插不得有漏铜现象。

3）所连接的导线必须套有号码管，长度不少于 10mm；对信号线可用标签纸作为线号书写平台。

4）线号标注按图纸线号进行标注。

5）所接导线必须按元件端子号码进行连接。

6）所连接的导线必须进线槽（信号电缆可不进线槽）。

7）电动机主回路导线必须通过接线端子过渡连接（信号电缆可不通过端子过渡）。

8）线槽与线槽间过渡部分导线必须进行防护，防护带（管）需进线槽不少于 10mm。

9）线号书写方向（以操作台正面方向看）：水平书写时从左至右，纵向书写时从上至下。

10）导线连接符合工艺规范。

11）编写的程序应符合设备运行工艺（工作原理）控制要求。

12）连接的电气线路应无短路、过载现象，接线无松动、脱落现象。

7. 编写程序

根据控制要求编写梯形图程序，如图 4-14 所示。

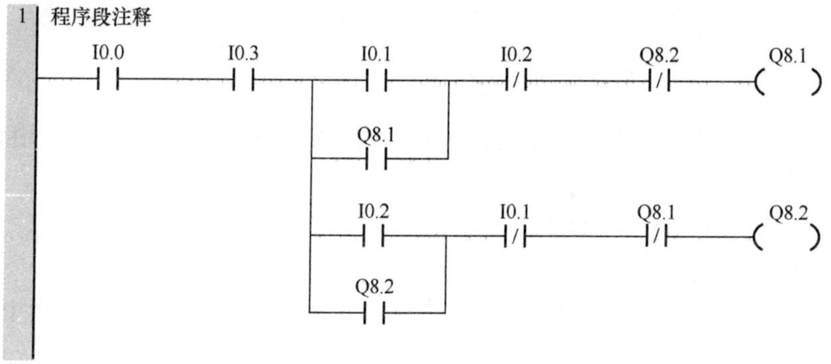

图 4-14 正反转控制程序

该程序语句表如下：

```
LD    I0.0
A     I0.3
LPS
LD    I0.1
O     Q8.1
ALD
AN    I0.2
AN    Q8.2
=     Q8.1
```

```
LPP
LD    I0.2
O     Q8.2
ALD
AN    I0.1
AN    Q8.1
=     Q8.2
```

8. 把程序传入 PLC 并运行

9. 系统调试

10. 完成相关表格填写

项目 5 交通信号灯的安装控制

 项目描述

本项目参照公司模式以承接项目的形式给定任务,学生按照任务要求设计电气原理图,在 YL-163A 设备上完成交通信号灯的安装控制。

 项目目标

知识目标☞

1. 理解指令 TON、TONR、TOF 定时器的含义。
2. 理解 PLC 中特殊继电器的含义及应用。
3. 理解交通灯的控制要求。
4. 理解时序图。

能力目标☞

1. 会输入 PLC 的基本指令。
2. 会连接交通信号灯控制板与 PLC。
3. 会用时序法编写交通灯控制程序。
4. 具有一定的计划能力、自我组织能力和社交能力。

教学空间☞

电教室 1 间;实训室 1 间,亚龙 YL-163A 型电动机装配与运行检测实训考核装置 10 套。

 控制要求

启动后,东西绿灯亮 4s 后闪 2s 灭;黄灯亮 2s 灭;红灯亮 8s;绿灯亮……循环,对应东西绿黄灯亮时南北红灯亮 8s,接着绿灯亮 4s 后闪 2s 灭;黄灯亮 2s 后红灯又亮……如此循环。

工作任务

教师工作任务 ☞

1. 创设学习情境，概述本项目，有条件的可播放十字路口交通灯的视频。

2. 与学生互动，交流有关交通信号灯的信息。

3. 设计相关表格要求学生填写。

4. 监测、掌控小组进度。

5. 评价小组成果及小组成员能力。

小组工作任务 ☞

1. 观察各种路口的交通灯的控制情况。

2. 和小组成员列出交通灯对车及行人的通行进行控制的方式（至少 3 种）。

3. 与教师讨论小组的决定。在小组中为此准备一个简短的展示（幻灯片），包括下列主题：交通灯控制要求；硬件电路图。

4. 阐述硬件连接方案及编程思路并阐释理由（口头）。

5. 写出 I/O 分配表。

6. 画出硬件连接线路图并安装连接。

7. 软件编程。

8. 仿真调试。

9. 系统调试。

10. 执行所计划的任务并记录完成情况。

11. 小组自评及互评。

依照完整的行动模式，以行动为导向的课堂设计完成咨询、计划、决策、实施、检查/展示、评估的教学过程。

5.1 西门子 PLC 定时器指令

西门子 SMART 提供了如下三种定时器指令。

TON：通电延时定时器，一般用于定时单个时间间隔。

TONR：保持型通电延时定时器，一般用于累积多个定时时间间隔的时间值。

TOF：断电延时定时器，用于在 OFF（或 FALSE）条件之后延长一定时间间隔，例如冷却电动机的延时。

1. 定时器指令的有效操作数

西门子 PLC 定时器指令的有效操作数见表 5-1。

表 5-1　西门子 PLC 定时器指令操作数

输入/输出	数据类型	操作数
T×××	word	定时器编号（T0～T255）
IN	bool	I、Q、V、M、SM、S、T、C、L
PV	int	IW、QW、VW、MW、SMW、SW、T、C、LW、AC、AIW、＊VD、＊LD、＊AC、常数

2. 定时器分辨率

TON、TONR 和 TOF 定时器提供三种分辨率。分辨率由定时器编号确定，如表 5-2 所示。当前值的每个单位均为时基的倍数。例如，使用 10ms 定时器时，计数 50 表示经过的时间为 500ms。

T××× 定时器编号分配决定定时器的分辨率。分配有效的定时器编号后，分辨率会显示在 LAD 或 FBD 定时器功能框中。

表 5-2　定时器编号和分辨率选项

定时器类型	分辨率	最大值	定时器号
TON、TOF	1ms	32.767s	T32、T96
	10ms	327.67s	T33-T36，T97-T100
	100ms	3276.7s	T37-T63，T101-T255
TONR	1ms	32.767s	T0、T64
	10ms	327.67s	T1-T4、T65-T68
	100ms	3276.7s	T5-T31、T69-T95

注意：

1）避免定时器编号冲突。同一个定时器编号不能同时用于 TON 和 TOF 定时器。例如，不能同时使用 TON T32 和 TOF T32。

2）要确保最小时间间隔，请将预设值（PV）增大 1。例如，使用 100ms 定时器时，为确保最小时间间隔至少为 2100ms，则将 PV 设置为 22。

3. TON 和 TONR 定时器的操作

TON 和 TONR 指令在使能输入 IN 接通时开始计时。当前值等于或大于预设时间时，定时器位置为接通。

1）使能输入置为断开时，清除 TON 定时器的当前值。

2）使能输入置为断开时，保持 TONR 定时器的当前值。输入 IN 置为接通时，可以使用 TONR 定时器累积时间。使用复位指令（R）可清除 TONR 的当前值。

3）达到预设时间后，TON 和 TONR 定时器继续定时，直到达到最大值 32,767 时才停止定时。

4. TOF 定时器的操作

TOF 指令用于使输出在输入断开后延迟固定的时间再断开。使能输入接通时，定时器位立即接通，当前值置为 0。输入断开时，定时开始，定时一直持续到当前时间等于预设时间。

1）达到预设值时，定时器位断开，当前值停止递增。但是如果在 TOF 达到预设值之前使能输入再次接通，则定时器位保持接通。

2）要使 TOF 定时器开始定时断开延时时间间隔，使能输入必须进行接通—断开转换。

3）如果 TOF 定时器在 SCR 区域中，并且 SCR 区域处于未激活状态，则当前值设置为 0，定时器位断开且当前值不递增。

5. 三种定时器的使用示例

（1）TON 定时器的使用示例

输入图 5-1 所示的程序。

T37 是一个分辨率为 100ms 的定时器，当输入 I0.0 接通并保持 1s 后 T37 接通，同时 Q0.0 接通。当输入 I0.0 断开后，T37 立刻复位断开，同时 Q0.0 断开。

（2）TONR 定时器的使用示例

输入图 5-2 所示的程序。

T69 是一个分辨率为 100ms 的定时器，当输入 I0.0 接通并保持 1s 后 T69 接通，同时 Q0.0 接通。当输入 I0.0 断开后，T69 不变，依然保持接通。当 I0.1 接通后，T69 立刻复位断开，同时 Q0.0 断开。

（3）TOF 定时器的使用示例

输入图 5-3 所示的程序。

T101 是一个分辨率为 100ms 的断电定时器，当 I0.0 接通时 T101 立刻接通，Q0.0 也接通；当 I0.0 断开时 T101 继续保持接通并开始计时，1s 后计时时间到，T101 断开，Q0.0 也断开。

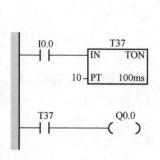

图 5-1　TON 定时器

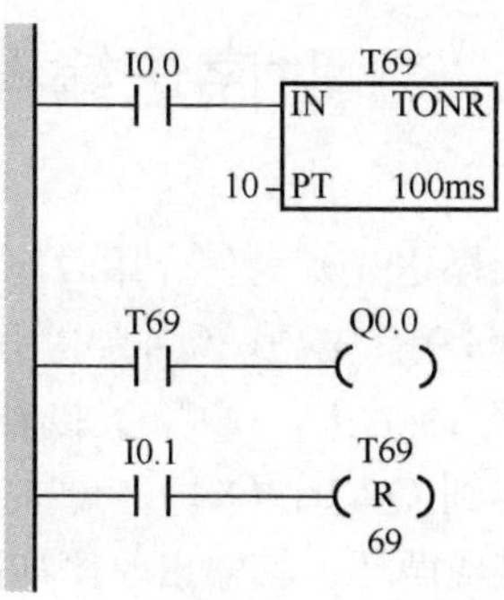

图 5-2　TONR 定时器

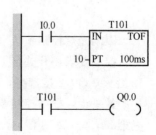

图 5-3　TOF 定时器

5.2　SM（特殊存储器）

西门子 S7 - 200 SMART PLC 提供了 SMB0～SMB29 和 SMB1000～SMB1535 的特殊寄存器，它们为只读状态，如果程序尝试对 SM 地址执行写入操作，STEP 7 - Micro/WIN SMART 在编译程序时将出现错误，但是 CPU 程序编译器将拒绝程序，并显示"操作数范围错误，下载失败"（Operand range error，Download failed）。程序可读取存储在特殊存储器地址的数据，评估当前系统状态和使用条件逻辑，决定如何响应。在运行模式下，程序逻辑连续扫描提供对系统数据的连续监视功能。

SMB0：系统状态。

SM0.1：该位在第一个扫描周期接通，然后断开。该位的一个用途是调用初始化子例程。

SM0.2：在以下操作后，该位会接通一个扫描周期。

1）重置为出厂通信命令。

2）重置为出厂存储卡评估。

3）评估程序传送卡（在此评估过程中，会从程序传送卡中加载新系统块）。

4）NAND 闪存上保留的记录出现问题。

该位可用作错误存储器位或用作调用特殊启动程序的机制。

SM0.3：从上电或暖启动条件进入 RUN 模式时，该位接通一个扫描周期。该位可用于在开始操作之前给机器提供预热时间。

SM0.4：该位提供时钟脉冲，该脉冲的周期时间为 1min，OFF（断开）30s，ON（接通）30s。该位可简单轻松地实现延时或 1min 时钟脉冲。

SM0.5：该位提供时钟脉冲，该脉冲的周期时间为 1s，OFF（断开）0.5s，然后 ON（接通）0.5s。该位可简单轻松地实现延时或 1s 时钟脉冲。

SM0.6：该位是扫描周期时钟，接通一个扫描周期，然后断开一个扫描周期，在后续扫描中交替接通和断开。该位可用作扫描计数器输入。

SM0.7：如果实时时钟设备的时间被重置或在上电时丢失（导致系统时间丢失），则该位将接通一个扫描周期。该位可用作错误存储器位或用来调用特殊启动程序。

5.3　时序法编程

以闪光灯控制系统（三位天塔之光）为例介绍时序法编程。

控制要求：开关合上后，Q0.0 首先亮，Q0.0 亮 1s 后灭，Q0.1 接着亮，Q0.1 亮 1s 后灭，Q0.2 接着亮，Q0.2 亮 1s 后灭，Q0.0 又接着亮，如此往复循环。

第一步：根据控制要求可得到 Q0.0、Q0.1、Q0.2 的输出为 Q0.0 亮第 1s，Q0.1 亮第 2s，Q0.2 亮第 3s，然后实现循环。其输出时序如图 5 - 4 所示。

第二步：启动定时器。按下启动按钮后，首先触发定时器 T37，定时时间 1s，T0 输出又去触发 T38，定时时间 1s，T1 输出又去触发 T39，定时时间 1s，T39 又返回触发 T38，实现循环。由此得到 T37、T38、T39 的基本时序，如图 5-5 所示。

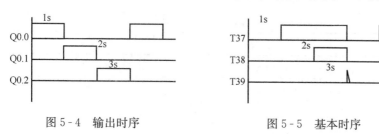

图 5-4　输出时序　　　　　　　　图 5-5　基本时序

第三步：从以上时序图不难看出，T37 的时序（第 1s 为低电平，第 2s、第 3s 为高电平）与输出 Q0.0 的要求（Y0 亮第 1s，第 2s、第 3s 灭）正好相反，取 T37 的非输出给 Q0.0。T38 的时序（第 1s、第 2s 为低电平，第 3s 为高电平）与输出 Q0.2 的要求（Q0.2 亮第 3s，第 1s、第 2s 灭）正好相同，取 T38 输出给 Q0.2。而 Q0.1 的输出（Q0.1 亮第 2s，第 1s、第 3s 灭）可将 T38 与 T39 的非得到。

这种时序法编程的特点是首先根据控制任务的要求看需要多少不同的时序（因为不管控制要求有多么复杂，控制任务有多么多，都是要求最后的输出在一些时间输出高电平，一些时间输出低电平），用定时器逐级触发得到基本的时序（如上面的 T0、T1、T2），再由这些基本的时序取非、相与、相或等得到不同的输出时序。采用这种时序法可大大缩短程序的长度，特别是在一些控制要求复杂及任务较多的程序中。

5.4　项目实施过程

交通灯控制板如图 5-6 所示。

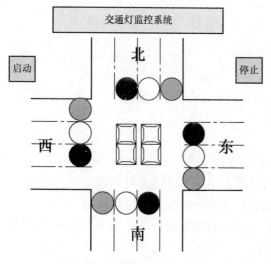

图 5-6　交通灯控制板示意图

1. 列出 I/O 分配表

根据控制要求列出 I/O 分配表（表 5-3）。

表 5-3　I/O 分配表

输入	按钮名称	输出	控制功能
I0.0	启动按钮	Q0.0	东西红灯
I0.1	停止按钮	Q0.1	东西绿灯
		Q0.2	东西黄灯
		Q0.3	南北红灯
		Q0.4	南北绿灯
		Q0.5	南北黄灯

2. 画电气原理图

根据控制要求设计并画出电气原理图，如图 5-7 所示。

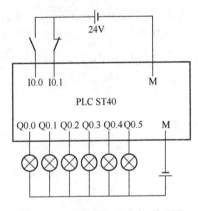

图 5-7　交通信号灯电气原理图

3. 准备工具、耗材和元器件

工具、耗材准备：剥线钳、压线钳、斜口钳、螺钉旋具、内六角、万用表、线槽、捆扎带、各类导线若干。

1）工具箱放于工作台上便于拿到的位置。

2）将准备好的耗材摆放于工作台合适的位置。

3）将 PLC、线槽、交通灯控制板取出，放于工作台上。

4. 检测元器件

5. 安装元器件

将各电气元器件摆放、安装在合适的位置。

6. 硬件连线

根据电气原理图完成硬件连线，注意标准与规范。

1）所连接的导线必须合理压接插针或 U 形插。

2）所压接的插针、U 形插不得有漏铜现象。

3）所连接的导线必须套有号码管，长度不少于 10mm；对信号线可用标签纸作为线号书写平台。

4）所连接的导线必须进线槽（信号电缆可不进线槽）。

7. 编写程序

1) 分析交通灯的控制要求，可得到各灯的时序，如图 5 - 8 所示。

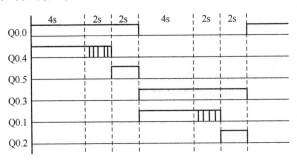

图 5 - 8　交通灯时序

2) 从时序图中可以发现有六个时间点（即图中六根虚线处）交通灯的状态发生变化，则需要六个定时器定时，得到六个基本时序。编写如图 5 - 9 所示的程序。

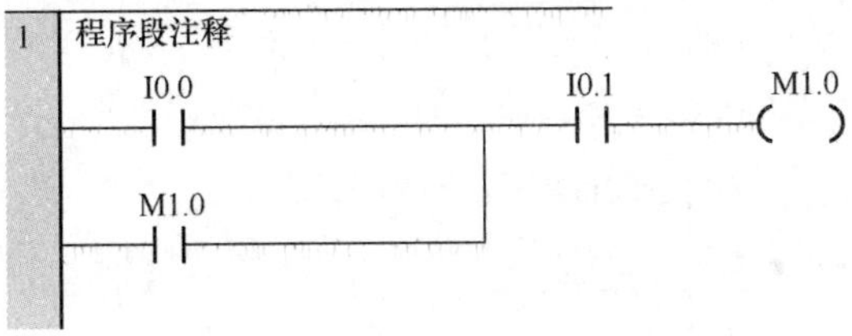

图 5 - 9　启动程序

这是一段启动程序，按下 I0.0，中间继电器 M1.0 接通并保持；按下 I0.1，M1.0 断开。继续编写如图 5 - 10 和图 5 - 11 所示的程序。

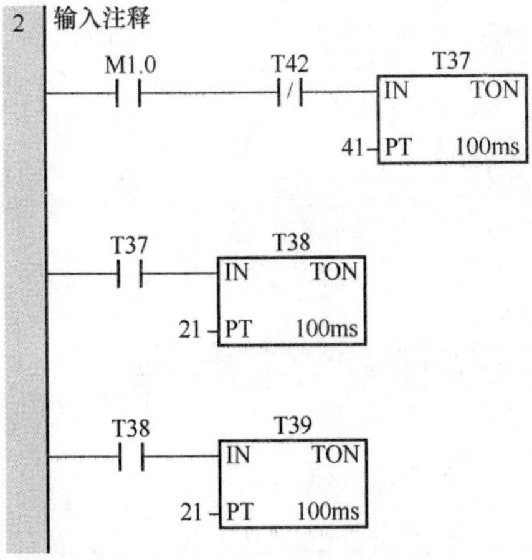

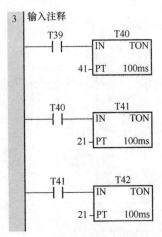

图 5 - 10　定时器启动程序（一）　　图 5 - 11　定时器启动程序（二）

图 5 - 10 和图 5 - 11 所示的两段程序中，启动后，由 M1.0 启动定时器 T37，4s 后 T37 接通，再去启动 T38，2s 后 T38 接通，再去启动 T39，2s 后 T39 接通，再去启动

T40，4s后T40接通，再去启动T41，2s后T41接通，再去启动T42，2s后T42接通，T42的非断开，全部定时器复位，实现循环，在此过程中T42输出一个扫描周期的高电平（即一个脉冲）。这样可得到如图5-12所示的基本时序。

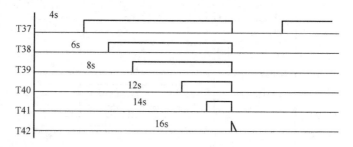

图5-12 交通灯基本时序

在以上特殊寄存器中需要用到的是SM0.5，用它断开（OFF）0.5s，然后接通（ON）0.5s的特性来实现绿灯的闪烁。

3）东西红灯Q0.0在16s的周期内，前8s为高电平，后8s为低电平，与T39的非时序相同，所以用M1.0的常开与T39的非相与可得Q0.0（用M1.0代表已启动，如不与M1.0，则不启动Q0.0也会有输出）。编写程序，如图5-13所示。

```
4 │ 输入注释
  │    M1.0        T39         Q0.0
  ├───┤ ├────────┤/├────────( )
```

图5-13 Q0.0的逻辑

4）东西绿灯Q0.1在16s的周期内，1~8s和15~16s为低电平，9~12s为高电平，可用T39与T40的非相与得到；13~14s闪烁，可用T40与T41的非相与得到13~14s的高电平，再与SM0.5相与得到闪烁。编写程序，如图5-14所示。

```
5 │ 输入注释
  │    M1.0        T39         T40                    Q0.1
  ├───┤ ├────────┤ ├────────┤/├──────────────────( )
  │               T40         T41      Clock_1s
  │              ┤ ├────────┤ ├────────┤/├──┤ ├──
```

符号	地址	注释
Clock_1s	SM0.5	针对1s的周期时间，时钟脉冲接通0.5s，…

图5-14 Q0.1的逻辑

5）东西黄灯Q0.2在16s的周期内，1~14s为低电平，15~16s为高电平，与T41的时序相同，可用M1.0与T41相与得到Q0.2。编写程序，如图5-15所示。

6）南北红灯Q0.3在16s的周期内，前8s为低电平，后8s为高电平，与T39的时序相同，所以用M1.0的常开与T39相与可得Q0.3。编写程序，如图5-16所示。

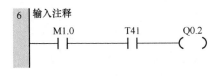

图 5-15 Q0.2 的逻辑

图 5-16 Q0.3 的逻辑

7) 南北绿灯 Q0.4 在 16s 的周期内，1～4s 为高电平，与 T37 的非时序相同，5～6s 闪烁，可用 T37 与 T38 的非相与得到 5～6s 的高电平，再与 SM0.5 相与得到闪烁。编写程序，如图 5-17 所示。

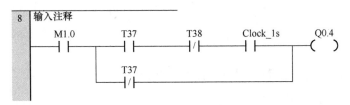

图 5-17 Q0.4 的逻辑

8) 南北黄灯 Q0.5 在 16s 的周期内，1～6s 和 9～16s 为低电平，只有 7～8s 为高电平，可用 T38 与 T39 的非相与得到。编写程序，如图 5-18 所示。

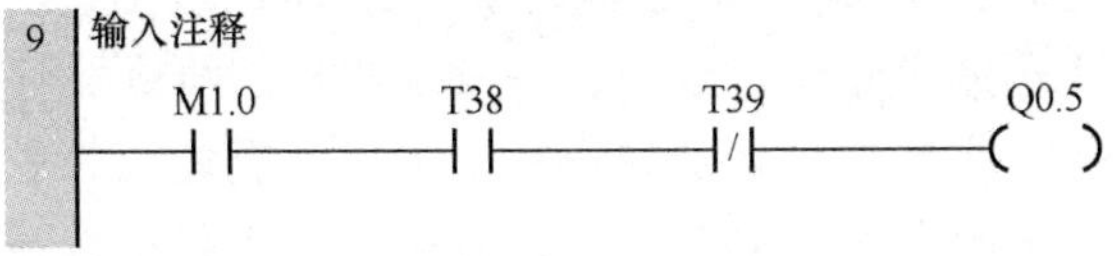

图 5-18 Q0.5 的逻辑

8. 把程序传入 PLC 并运行

9. 系统调试

10. 完成相关表格填写

拓展训练

下面有两种不同的交通灯控制方式，请完成以上训练的同学试着完成。

1. 交通灯控制方式（二）

控制要求：启动后南、北红灯亮，维持 25s，在南、北红灯亮的同时东、西人行道绿灯和东、西绿灯也亮，并维持 20s，到 20s 时，东、西人行道绿灯和东、西绿灯闪亮，闪亮 3s 后熄灭。在东、西人行道绿灯和东、西绿灯熄灭时，东、西人行道黄灯和东、西黄灯亮，并维持 2s 后，东、西人行道黄灯和东、西黄灯熄灭，东、西人行道红灯和东、西红灯亮，同时南、北红灯熄灭，绿灯亮；东、西红灯亮维持30s，南、北绿灯和南、北人行道绿灯亮维持25s，然后闪亮3s后熄灭，同时南、北黄灯和南、北人行道黄灯亮，维持2s后熄灭，这时南、北红灯和南、北人行道红灯亮，东、西人行道绿灯和东、西绿灯亮。上述动作循环进行。

2. 交通灯控制方式（三）

控制要求：

1）南北主干道：直行绿27s、直行绿闪3s、左转绿10s、左转绿闪3s、黄2s、红45s。

2）东西人行道：红45s、绿27s、绿闪3s、红60s。

3）东西主干道：红45s、直行绿27s、直行绿闪3s、左转绿10s、左转绿闪3s、黄2s。

4）南北人行道：绿27s、绿闪3s、红60s。

5）上述动作循环进行。

笔者心得

作者个人理解以行动为导向的项目教学法的核心是学生的自我组织与责任的承担。教师一开始激发学生的积极性，让学生自发组织完成任务，教师在一旁答疑解惑，以一个完整的模式完成资讯、计划、决策、实施、检查、评估的过程。但需要注意的是学生的差异性很大，可能会有一部分学生主观能动性较差，这就需要教师随时掌握小组动态，及时跟进，讲解交流。当某些小组程度较差时，也可以变成简化版的项目教学法，即以逐步完成任务的方式要求学生完成，即：第一步，理解交通灯控制要求；第二步，列出I/O分配表；第三步，画出电气原理图；第四步，按图连接硬件线路；第五步，根据控制要求画出各灯时序图及基本时序图；第六步，由时序图完成程序的编写；第七步，程序上传PLC系统并调试。每一步都由教师讲解，学生理解后自己动手完成。这样经过几个项目的实训后，一部分学生就可以一个完整模式完成咨询、计划、决策、实施、检查/展示、评估的项目教学过程。

项目 **6** 彩灯控制

 项目描述

本项目参照公司模式以承接项目的形式给定任务，学生按照任务要求设计电气原理图，在 YL-163A 设备上完成彩灯的控制。

 项目目标

知识目标☞

1. 理解 PLC 控制系统中保护开关的接入。
2. 理解 PLC 的传送指令、移位指令等功能指令。

能力目标☞

1. 会输入 PLC 的简单功能指令。
2. 会连接保护开关与 PLC。
3. 会编写彩灯控制的程序。
4. 具有一定的计划能力、自我组织能力和社交能力。

教学空间☞

电教室 1 间；实训室 1 间，亚龙 YL-163A 型电动机装配与运行检测实训考核装置 10 套。

 控制要求

八组彩灯的控制方式：开关合上后，第一组彩灯首先亮，接着第二组到第八组依次亮（从左到右），间隔时间为 0.5s，全灭 0.5s 后，第八组首先亮，接着第七组到第一组依次亮（从右到左），间隔时间为 0.5s，全灭 0.5s 后，第一组和第八组首先亮，接着是第二组和第七组，然后是第三组和第六组、第四组和第五组（从两边到中间），间隔时间为 0.5s，全灭 0.5s 后，第四组和第五组首先亮，接着是第三组和第六组，然后是第二组和第七组、第一组和第八组（从中间到两边），如此循环往复。

📑 工作任务

教师工作任务☞

1. 创设学习情境，概述本项目，有条件的可播放各种彩灯、霓虹灯的视频。

2. 与学生互动，交流有关各种霓虹灯的信息。

3. 设计相关表格要求学生填写。

4. 监测、掌控小组进度。

5. 评价小组成果及小组成员能力。

小组工作任务☞

1. 观察商场、大厦、街头等地方的彩灯、霓虹灯的控制情况。

2. 和小组成员列出彩灯控制的方式（至少 3 种）。

3. 与教师讨论小组的决定。在小组中为此准备一个简短的展示（幻灯片），包括下列主题：彩灯控制要求；硬件电路图。

4. 阐述硬件连接方案及编程思路并阐释理由（口头）。

5. 写出 I/O 分配表。

6. 画出硬件连接线路图。

7. 软件编程。

8. 仿真调试。

9. 系统调试。

10. 执行所计划的任务并记录完成情况。

11. 小组自评及互评。

依照完整的行动模式，以行动为导向的课堂设计来完成咨询、计划、决策、实施、检查/展示、评估的教学过程。

6.1　功能指令

1. 字节、字、双字和实数传送指令

```
MOVB IN,OUT    字节传送
MOVW IN,OUT    字传送
MOVD IN,OUT    双字传送
MOVR IN,OUT    实数传送
```

字节传送、字传送、双字传送和实数传送指令（图 6-1）将数据值从源（常数或存储单元）IN 传送到新存储单元 OUT，而不会更改源存储单元中存储的值。

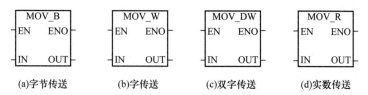

图 6-1　字节、字、双字和实数传送指令

2. 移位和循环移位命令

SHL_B	左移字节
SHL_W	左移字
SHL_DW	左移双字
SHR_B	右移字节
SHR_W	右移字
SHR_DW	右移双字
ROL_B	循环左移字节
ROL_W	循环左移字
ROL_DW	循环左移双字
ROR_B	循环右移字节
ROR_W	循环右移字
ROR_DW	循环右移双字

移位指令将输入值 IN 的位置右移或左移位置移位计数 N，然后将结果装载到分配给 OUT 的存储单元中（图 6-2）。

对于每一位移出后留下的空位，移位指令会补零。如果移位计数 N 大于或等于允许的最大值（字节操作为 8、字操作为 16、双字操作为 32），则会按相应操作的最大次数对值进行移位。如果移位计数大于 0，则将溢出存储器位 SM1.1 置位为移出的最后一位的值；如果移位操作的结果为零，则 SM1.0 零存储器位将置位。

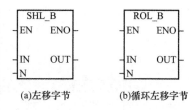

图 6-2　移位和循环移位指令示例

字节操作是无符号操作。对于字操作和双字操作，使用有符号数据值时，也对符号位进行移位。

循环移位指令将输入值 IN 的位置循环右移或循环左移位置循环移位计数 N，然后将结果装载到分配给 OUT 的存储单元中。循环移位操作为循环操作。

如果循环移位计数大于或等于操作的最大值（字节操作为 8、字操作为 16、双字操作为 32），则 CPU 会在执行循环移位前对移位计数执行求模运算以获得有效循环移位计数。该结果为移位计数，字节操作为 0～7，字操作为 0～15，双字操作为 0～31。

如果循环移位计数为 0，则不执行循环移位操作；如果执行循环移位操作，则溢出位 SM1.1 将置位为循环移出的最后一位的值。

如果循环移位计数不是 8 的整倍数（对于字节操作）、16 的整倍数（对于字操作）或 32 的整倍数（对于双字操作），则将循环移出的最后一位的值复制到溢出存储器位 SM1.1。如果要循环移位的值为零，则零存储器位 SM1.0 将置位。

字节操作是无符号操作。对于字操作和双字操作，使用有符号数据类型时，也会对符号位进行循环移位。

6.2 停止按钮、限位开关和保护开关的接入

在 PLC 的输入信号中，经常会有停止按钮、限位开关和一些保护开关的输入，从逻辑上说，它们常开或常闭，都可以工作，如电动机正反转控制中，如果停止按钮的常闭触点接 I0.0，如图 6-3 所示，则程序如图 6-4 所示。

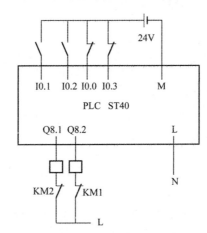

图 6-3 接常闭开关的电动机正反转控制电路

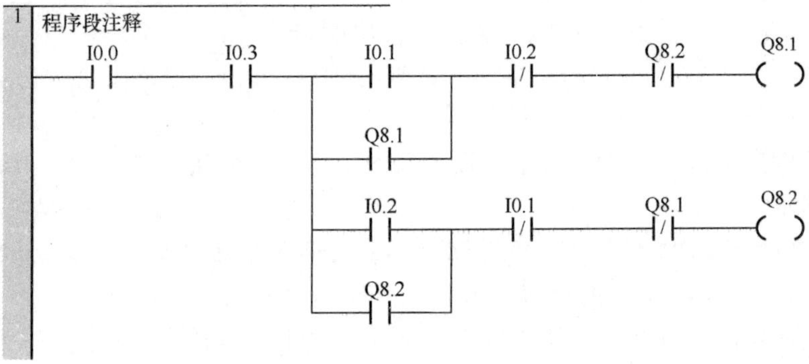

图 6-4 接常闭开关的电动机正反转控制程序

也可以把停止按钮的常开触点接 I0.0，如图 6 - 5 所示，则程序如图 6 - 6 所示。

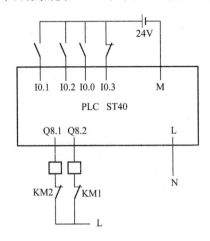

图 6 - 5 接常开开关的电动机正反转控制电路

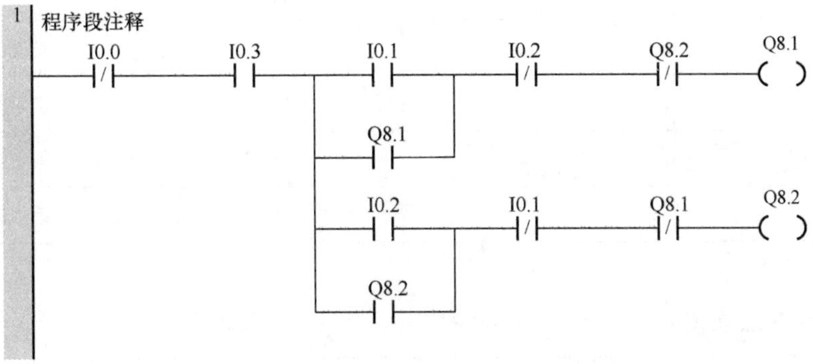

图 6 - 6 接常开开关的电动机正反转控制程序

以上可以看出，对于停止按钮来说，要想起到停止作用，如果外部接常开开关，内部程序就输入常闭；如果外部接常闭开关，内部程序就输入常开。正常情况下，这两种方式都是可以工作的。但是有一点需要注意，在实际工程中，控制的电动机可能工作环境比较恶劣，长时间的使用容易导致线头脱落，如果电动机正在工作时接入 I0.0 的那根线断了，会发现外部接常开开关的这种方式中电动机依然通电转动，当出现紧急情况需要停止，去按停止按钮时，由于接入 I0.0 的那根线断了，电动机无法停止，会带来安全隐患；而外部接常闭开关的方式中，只要接 I0.0 的线一断，电动机立刻断电，提醒操作人员有故障。所以，在生产实践中，接停止按钮、限位开关和一些保护开关的时候应接常闭开关，而不能接常开开关。

6.3 项目实施过程

1. 列出 I/O 分配表

根据控制要求列出 I/O 分配表（表 6-1）。

表 6-1 I/O 分配表

输入	按钮名称	输出	控制功能
I0.0	启动按钮	Q0.0	第一组彩灯
I0.1	停止按钮	Q0.1	第二组彩灯
		Q0.2	第三组彩灯
		Q0.3	第四组彩灯
		Q0.4	第五组彩灯
		Q0.5	第六组彩灯
		Q0.6	第七组彩灯
		Q0.7	第八组彩灯

2. 画电气原理图

设计并画出电气原理图，如图 6-7 所示。

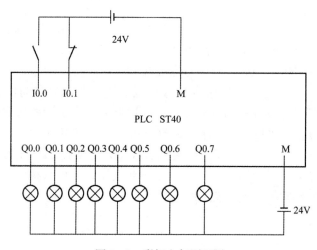

图 6-7 彩灯电气原理图

3. 准备工具、耗材和元器件

工具、耗材准备：剥线钳、压线钳、斜口钳、螺钉旋具、内六角、万用表、线槽、捆扎带、各类导线若干。

1）工具箱放于工作台上便于拿到的位置。

2）将准备好的耗材摆放于工作台合适的位置。

3）将 PLC、按钮开关、线槽、彩灯控制板取出，放于工作台上。

4. 检测元器件

5. 安装元器件

将各电气元器件摆放、安装在合适的位置。

6. 硬件连线

根据电气原理图完成硬件连线，注意标准与规范。

1）所连接的导线必须合理压接插针或 U 形插。

2）所压接的插针、U 形插不得有漏铜现象。

3）所连接的导线必须套有号码管，长度不少于 10mm；对信号线可用标签纸作为线号书写平台。

4）所连接的导线必须进线槽（信号电缆可不进线槽）。

7. 根据控制要求编写 PLC 程序

1）分析彩灯的控制要求，八组彩灯时序如图 6-8 所示。

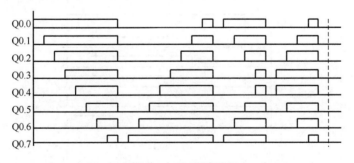

图 6-8　八组彩灯的时序

2）从时序图中可以发现有 28 个时间点彩灯的状态发生变化，需要 28 个定时器定时，得到 28 个基本时序。编写如图 6-9 所示的程序。

这是一段启动程序，按下 I0.0，中间继电器 M1.0 接通并保持；按下 I0.1，M1.0 断开。继续编写如图 6-10 所示的程序。

在这一程序中，由 M1.0 启动定时器 T101，0.5s 后 T101 接通再去启动 T102，0.5s 后 T102 接通再去启动 T103，如此每隔 0.5s 依次接通下一个定时器，一直到

T128，从 T104 到 T128 的启动程序基本一致，这里就不编写出来了。当 T128 的定时时间一到，T128 的非断开，全部定时器复位，实现循环，在此过程中 T128 输出一个扫描周期的高电平（即一个脉冲）。这样可得到每隔 0.5s 依次接通的以下基本时序，如图 6-11 所示。

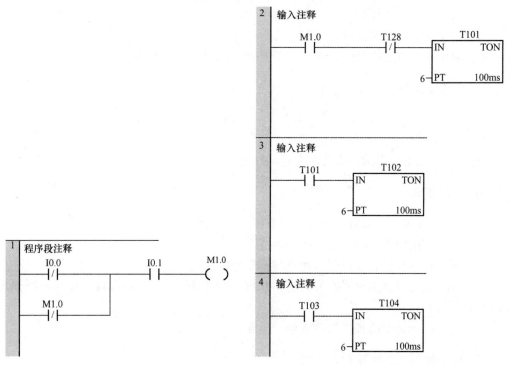

图 6-9　启动程序　　　　　　　图 6-10　彩灯定时器启动程序

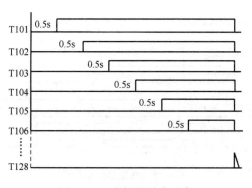

图 6-11　彩灯的基本时序

3）第一组彩灯 Q0.0 在 14s 的周期内，输出高电平的时间为 0～4s，8～8.5s，9～11s，13～13.5s。其中，0～4s 的高电平用 T108 的非可得；8～8.5s 的高电平用 T117 的非与 T116 相与可得；9～11s 用 T122 的非与 T118 相与可得；13～13.5s 用 T127 的非与 T126 相与可得；然后再将它们相或得到 Q0.0（用 M1.0 代表已启动，如不与上 M1.0，则不启动 Q0.0 也会有输出）。编写程序，如图 6-12 所示。

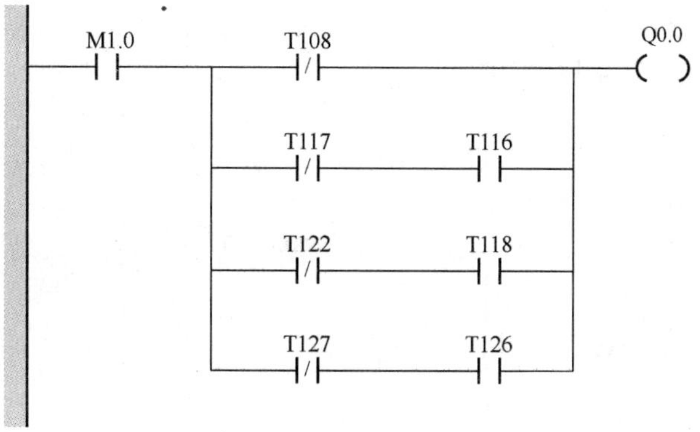

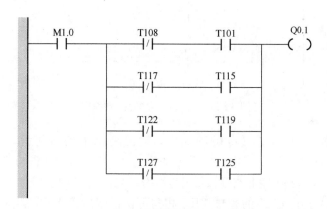

图 6-12 第一组彩灯的控制程序

4）第二组彩灯 Q0.1 在 14s 的周期内，输出高电平的时间为 0.5～4s，7.5～8.5s，9.5～11s，12.5～13.5s。其中，0.5～4s 的高电平用 T108 的非与 T101 相与可得；7.5～8.5s的高电平用 T117 的非与 T115 相与可得；9.5～11s 用 T122 的非与 T119 相与可得；12.5～13.5s 用 T127 的非与 T125 相与可得；然后再将它们相或得到 Q0.1。编写程序，如图 6-13 所示。

图 6-13 第二组彩灯的控制程序

5）第三组彩灯 Q0.2 在 14s 的周期内，输出高电平的时间为 1～4s，7～8.5s，10～11s，12～13.5s。其中，1～4s 的高电平用 T108 的非与 T102 相与可得；7.5～8.5s的高电平用 T117 的非与 T114 相与可得；9.5～11s 用 T122 的非与 T120 相与可得；12～13.5s 用 T127 的非与 T124 相与可得；然后再将它们相或得到 Q0.2。编写程序，如图 6-14 所示。

6）第四组彩灯 Q0.3 在 14s 的周期内，输出高电平的时间为 1.5～4s，6.5～8.5s，10.5～11s，11.5～13.5s。其中，1～4s 的高电平用 T108 的非与 T103 相与可得；6.5～8.5s的高电平用 T117 的非与 T113 相与可得；10.5～11s 用 T122 的非与 T121 相与可得；11.5～13.5s 用 T127 的非与 T123 相与可得；然后再将它们相或得到 Q0.3。编写程序，如图 6-15 所示。

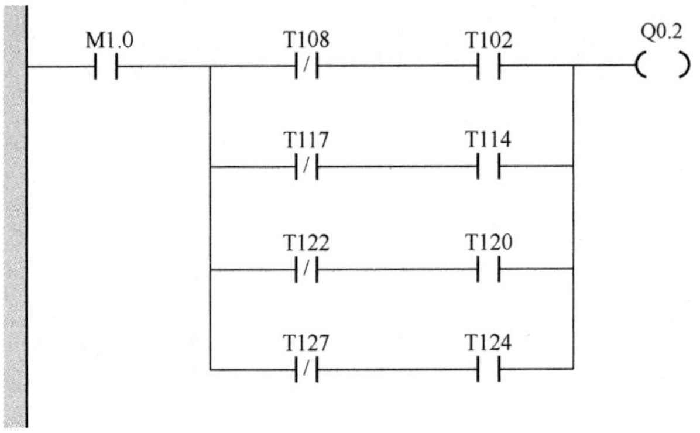

图 6-14 第三组彩灯的控制程序

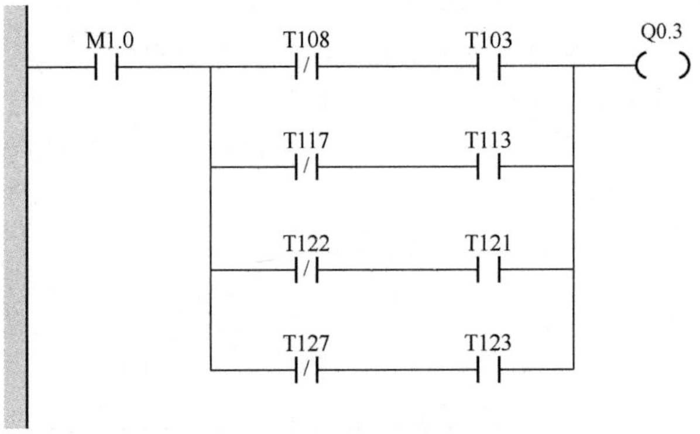

图 6-15 第四组彩灯的控制程序

7）第五组彩灯 Q0.4 在 14s 的周期内，输出高电平的时间为 2～4s，6～8.5s，10.5～11s，11.5～13.5s。其中，2～4s 的高电平用 T108 的非与 T104 相与可得；6～8.5s 的高电平用 T117 的非与 T112 相与可得；10.5～11s 用 T122 的非与 T121 相与可得；11.5～13.5s 用 T127 的非与 T123 相与可得；然后再将它们相或得到 Q0.4。编写程序，如图 6-16 所示。

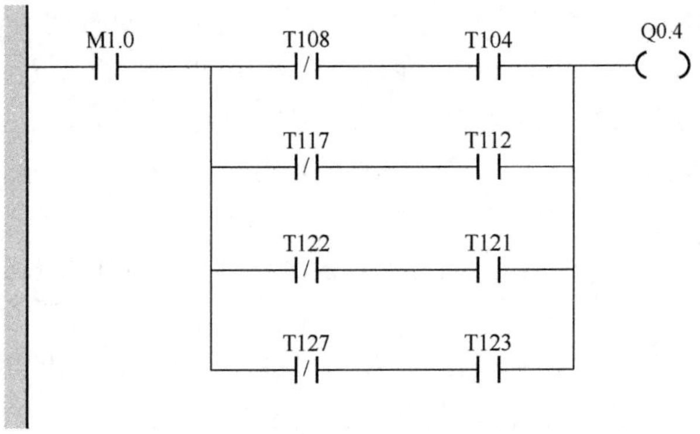

图 6-16 第五组彩灯的控制程序

8）第六组彩灯 Q0.5 在 14s 的周期内，输出高电平的时间为 2.5～4s，5.5～8.5s，10～11s，12～13.5s。其中，2.5～4s 的高电平用 T108 的非与 T105 相与可得；6.5～8.5s的高电平用 T117 的非与 T111 相与可得；10～11s 用 T122 的非与 T121 相与可得；12～13.5s 用 T127 的非与 T123 相与可得；然后再将它们相或得到 Q0.5。编写程序，如图 6-17 所示。

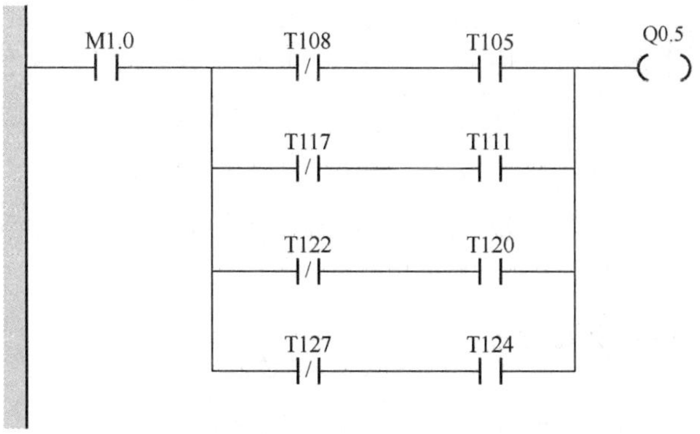

图 6-17　第六组彩灯的控制程序

9）第六组彩灯 Q0.6 在 14s 的周期内，输出高电平的时间为 3～4s，5～8.5s，9.5～11s，12.5～13.5s。其中，3～4s 的高电平用 T108 的非与 T106 相与可得；5～8.5s的高电平用 T117 的非与 T111 相与可得；9.5～11s 用 T122 的非与 T119 相与可得；12.5～13.5s 用 T127 的非与 T125 相与可得；然后再将它们相或得到 Q0.6。编写程序，如图 6-18 所示。

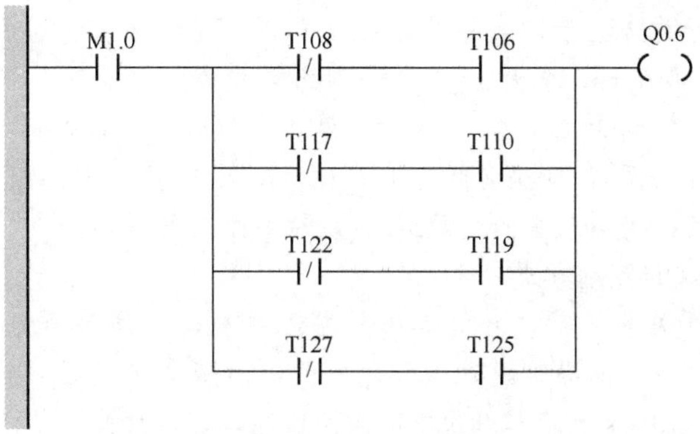

图 6-18　第七组彩灯的控制程序

10）第八组彩灯 Q0.7 在 14s 的周期内，输出高电平的时间为 3.5～4s，4.5～8.5s，9～11s，13～13.5s。其中，3.5～4s 的高电平用 T108 的非与 T107 相与可得；4.5～8.5s 的高电平用 T117 的非与 T109 相与可得；9～11s 用 T122 的非与 T118 相与可得；13～13.5s 用 T127 的非与 T126 相与可得；然后再将它们相或得到 Q0.7。编写程序，如图 6-19 所示。

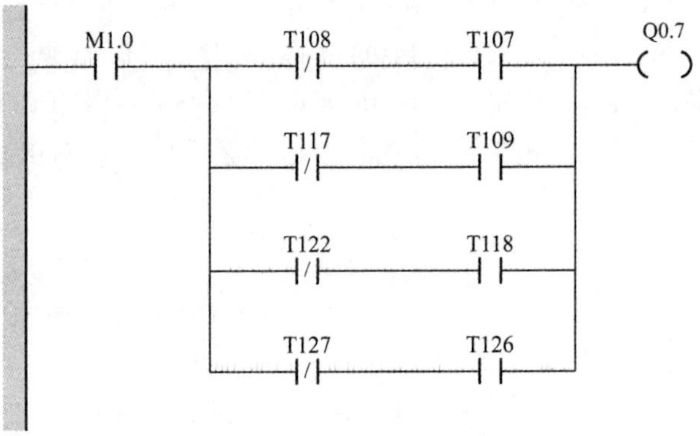

图 6-19 第八组彩灯的控制程序

8. 把程序传入 PLC 并运行

9. 系统调试

10. 完成相关表格的填写

拓展训练

下面有两种不同的彩灯控制方式，请完成以上控制任务的同学试着完成。

1. 四组彩灯的控制方式

控制要求：开关合上后，第一组彩灯首先亮，接着第二组到第三组依次亮（从左到右），间隔时间为 1s，全灭 1s 后，第四组首先亮，接着第三组到第一组依次亮（从右到左），间隔时间为 1s，全灭 1s 后，第四组和第一组首先亮，接着是第三组和第二组（从两边到中间），间隔时间为 1s，然后全灭 1s 后，第三组和第二组首先亮，接着是第四组和第一组（从中间到两边），以后如此往复循环。

2. 十六组彩灯的控制方式

控制要求：开关合上后，彩灯首先从左到右亮，间隔时间为 0.5s，全灭 0.5s 后，彩灯从右到左亮，间隔时间为 0.5s，全灭 0.5s 后，彩灯从两边到中间亮，间隔时间为 0.5s，全灭 0.5s 后，彩灯从中间到两边亮，以后如此往复循环。

项目 7 电动机变频调速控制

 项目描述

　　本项目参照公司模式以承接项目的形式给定任务，学生按照任务要求设计电气原理图，在 YL-163A 设备上完成电动机变频调速的控制。

项目目标

知识目标☞

1. 了解 PLC 控制系统，理解 PLC 与变频控制系统。
2. 理解变频器的工作原理及参数意义。

能力目标☞

1. 会连接 PLC 与变频器。
2. 会设置变频器的参数。
3. 会编写变频调速的程序。
4. 具有一定的计划能力、自我组织能力和社交能力。

教学空间☞

　　电教室 1 间；实训室 1 间，亚龙 YL-163A 型电动机装配与运行检测实训考核装置 10 套。

 控制要求

　　电动机运行控制要求：通电后，按一下正转按钮 SB1，电动机首先通 25Hz 的交流电正向运转 10s，后依次通 35Hz 的交流电 10s，45Hz 的交流电 10s，35Hz 的交流电 10s，25Hz 的交流电 10s 后停止；按一下反转按钮 SB2，电动机首先通 25Hz 的交流电反向运转 10s，后依次通 35Hz 的交流电 10s，45Hz 的交流电 10s，35Hz 的交流电 10s，25Hz 的交流电 10s 后停止；任何时候按下停止按钮 SB0，电动机立刻停止运转。

📑 **工作任务**

教师工作任务☞

1. 创设学习情境，概述本项目，有条件的可播放工厂车间中各种电动机变频调速控制的视频。

2. 与学生互动，交流有关正反转的信息。

3. 设计相关表格要求学生填写。

4. 监测、掌控小组进度。

5. 评价小组成果及小组成员能力。

小组工作任务☞

1. 了解电动机变频调速控制的应用场合和控制情况。

2. 和小组成员列出电动机变频调速控制的应用场景（至少3种）。

3. 与教师讨论小组的决定。在小组中为此准备一个简短的展示（幻灯片），包括下列主题：电动机变频调速控制要求；硬件电路图。

4. 阐述硬件连接方案及编程思路并阐释理由（口头）。

5. 写出 I/O 分配表。

6. 画出硬件连接线路图。

7. 软件编程。

8. 仿真调试。

9. 系统调试。

10. 执行所计划的任务并记录完成情况。

11. 小组自评及互评。

依照完整的行动模式，以行动为导向的课堂设计来完成咨询、计划、决策、实施、检查/展示、评估的教学过程。

7.1 安川变频器介绍

1. 变频器定义及分类

变频器： 变频器（Variable - Frequency Drive，VFD）是应用变频技术与微电子技术，通过改变电动机工作电源频率来控制交流电动机的电力控制设备。变频器主要由整流单元（交流变直流）、滤波单元、逆变单元（直流变交流）、制动单元、驱动单元、检测单元和微处理单元等组成。变频器靠内部 IGBT 的通断来调整输出电源的电压和频率，根据电动机的实际需要来提供其所需要的电源电压，进而达到节能、调速的目的。另外，变频器还有很多保护功能，如过电流、过电压、过载保护等。随着工业自动化程度的不断提高，变频器也得到了非常广泛的应用。

变频器有多种类型，按照主电路工作方式可以分为电压型变频器和电流型变频器，按照开关方式可以分为 PAM 控制变频器、PWM 控制变频器和高载频 PWM 控制变频器，按照工作原理可以分为 V/f 控制变频器、转差频率控制变频器和矢量控制变频器等，按照用途可以分为通用变频器、高性能专用变频器、高频变频器、单相变频器和三相变频器。

安川变频器 V1000 200V 级（单相电源用）0.1～3.7kW 使用时要特别注意，所用的电源是单相电源，不要接到三相电源，否则容易损坏器件。其主回路接线如图 7 - 1 所示。

注意： 在单相电源输入型的变频器中，严禁对 T/L3 端子接线，否则会导致变频器损坏。

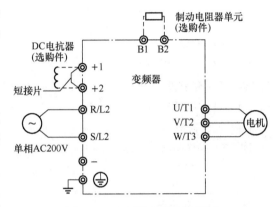

图 7 - 1　变频器主回路接线图

2. 控制回路端子的功能

S1：多功能输入选择 1（接通：正转运行，断开、停止），初始设定为共发射极模式。切换为共集电极模式时，通过拨动开关 S3 设定。

S2：多功能输入选择 2（接通，反转运行；断开，停止）。

S3：多功能输入选择 3［外部故障（常开接点）］。

S4：多功能输入选择 4（故障复位）。

S5：多功能输入选择 5（多段速指令 1）。

S6：多功能输入选择 6（多段速指令 2）。

S7：多功能输入选择 7（点动指令）。

SC：多功能输入选择公共点（控制公共点）。

3. 共发射极模式与共集电极模式的切换

输入信号逻辑在共发射极模式与共集电极模式之间切换时，通过变频器前部的拨动开关 S3 进行设定。出厂时设定为共发射极模式。共射极模式时，S7 - 200 SMART PLC 要用扩展模块 EMDR0 的输出来控制该变频器，当用 ST40 本身的输出来控制该变频器时，要用共集电极模式，即要把拨动开关 S3 往下拨，如图 7 - 2 所示。

4. 典型参数说明

b1 - 01：频率指令选择 1，参数可设为 0～4。各参数含义：0，LED 操作器或 LCD 操作器；1，控制回路端子（模拟量输入）；2，MEMOBUS 通信；3，通信选购件；

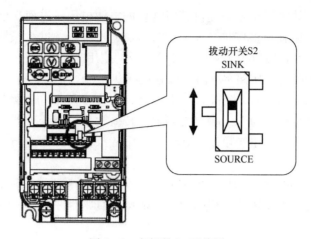

图 7-2 变频器 S3 开关图

4,脉冲序列输入。

b1-02：运行指令选择 1，参数可设为 0～3。各参数含义：0，LED 操作器或 LCD 操作器；1，控制回路端子（顺控输入）；2，MEMOBUS 通信；3，通信选购件。

C1-01：加速时间 1，设定输出频率从 0～100％为止的加速时间。

C1-02：减速时间 1，设定输出频率从 100％～0 为止的减速时间。

d1-01～d1-16：频率指令 1～频率指令 16。

H1-01～H1-07：端子 S1～S7 的功能选择。

5. 变频器的组成

组成变频器的各部分名称如图 7-3 所示。

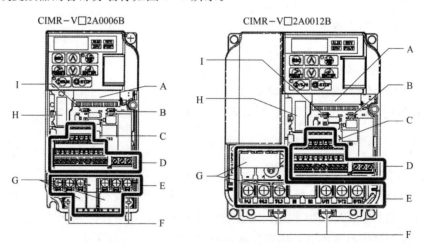

图 7-3 变频器正视图及各部分的名称

A—装卸式端子排插头；B—拨动开关 S1；C—拨动开关 S3；D—带参数备份功能的装卸式端子排；
E—主回路端；F—接地端子；G—防接线错误保护罩；H—选购卡接口；I—拨动开关 S2

变频器 LED 操作器各部分的名称与简单功能如图 7-4 所示。

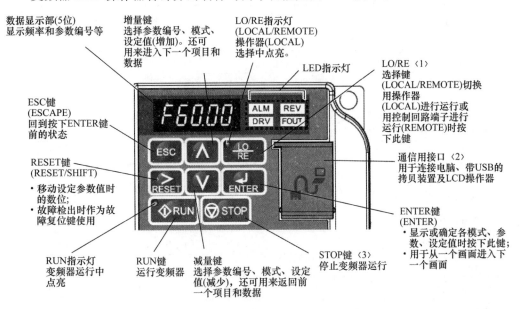

图 7-4　LED 操作器各部分的名称与功能

6. 变频器的显示模式

本节介绍的安川变频器具有驱动模式和程序模式两种显示模式。

驱动模式：进行变频器的运行，并对运行状态进行监视显示。该模式下不能设定参数。

程序模式：进行变频器所有参数的查看/设定，还可进行自学习。在程序模式下不能进行电动机运行的变更。

7. 多段速运行的设定方法

根据设定的多段速指令数，需要在多段速指令 1、2、3、4（H1-　　=3、4、5、32）中设定多功能结点输入端子，然后通过多功能结点输入端子（S3～S7）的 ON/OFF 组合，所选择的频率指令将发生变化。组合示例如表 7-1 所示，表中 0 代表 OFF 即断开，1 代表 ON 即接通。

表 7-1　组合示例

频率指令	多段速指令 4 H1-　=32	多段速指令 3 H1-　=5	多段速指令 2 H1-　=4	多段速指令 1 H1-　=3
频率指令 1（d1-01）	0	0	0	0
频率指令 2（d1-02）	0	0	0	1
频率指令 3（d1-03）	0	0	1	0
频率指令 4（d1-04）	0	0	1	1

续表

频率指令	多段速指令 4 H1-　　=32	多段速指令 3 H1-　　=5	多段速指令 2 H1-　　=4	多段速指令 1 H1-　　=3
频率指令 5 (d1-05)	0	1	0	0
频率指令 6 (d1-06)	0	1	0	1
频率指令 7 (d1-07)	0	1	1	0
频率指令 8 (d1-08)	0	1	1	1
频率指令 9 (d1-09)	1	0	0	0
频率指令 10 (d1-10)	1	0	0	1
频率指令 11 (d1-11)	1	0	1	0
频率指令 12 (d1-12)	1	0	1	1
频率指令 13 (d1-13)	1	1	0	0
频率指令 14 (d1-14)	1	1	0	1
频率指令 15 (d1-15)	1	1	1	0
频率指令 16 (d1-16)	1	1	1	1

注意： 当 b1-01＝1（控制回路端子）时，可将模拟量输入端子 A1 作为多段速指令 1 来使用，而不使用 d1-01（频率指令 1）。

当 b1-01＝0（LED 操作器）时，选择 d1-01 设定的频率。

当 H3-10＝2（辅助频率指令）时，可将模拟量输入端子 A2 作为多段速指令 2 来使用，而不使用 d1-02（频率指令 2）。

当 H3-10≠2 时，使用 d1-02（频率指令 2）。

7.2 项目实施过程

1. 列出 I/O 分配表

根据控制要求列出 I/O 分配表（表 7-2）。

表 7-2 I/O 分配表

输入	按钮名称	输出	控制功能
I0.0	停止按钮	Q0.0	S1 正转启动
I0.1	正转按钮	Q0.1	S2 反转启动
I0.2	反转按钮	Q0.2	S3 多段速指令 1
		Q0.3	S4 多段速指令 2
		Q0.4	S5 多段速指令 3

2. 画电气原理图

根据控制要求设计并画出电气原理图，如图 7-5 所示。

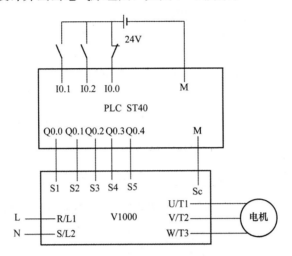

图 7-5　变频调速控制原理图

3. 准备工具、耗材和元器件

工具、耗材准备：剥线钳、压线钳、斜口钳、螺钉旋具、内六角、万用表、线槽、捆扎带、各类导线若干。

1）工具箱放于工作台上便于拿到的位置。

2）将准备好的耗材摆放于工作台合适的位置。

3）将 PLC、按钮开关、线槽、变频器取出，放于工作台上。

4. 检测元器件

用万用表检测按钮开关等器件。

5. 安装元器件

将各电气元器件摆放、安装在合适的位置。

6. 硬件连线

根据电气原理图完成硬件连线，注意标准与规范。

在完成工作任务的全过程中，严格遵守电气安装和电气维修的安全操作规程。

电气安装中，低压电器安装参照《电气装置安装工程低压电器施工及验收规范》（GB 50254—1996）验收。

1）所连接的导线必须合理压接插针或 U 形插。

2）所压接的插针、U 形插不得有漏铜现象。

3）所连接的导线必须套有号码管，长度不少于 10mm；对信号线可用标签纸作为线号书写平台。

4）线号标注按图纸线号进行标注。

5）所接导线必须按元件端子号码进行连接。

6）所连接导线必须进线槽（信号电缆可不进线槽）。

7）电动机主回路导线必须通过接线端子过渡连接（信号电缆可不通过端子过渡）。

8）线槽与线槽间过渡部分导线必须进行防护，防护带（管）需进线槽不少于 10mm。

9）线号书写方向（以操作台正面方向看）：水平书写时从左至右，纵向书写时从上至下。

10）导线连接符合工艺规范。

11）编写的程序应符合设备运行工艺（工作原理）控制要求。

12）连接的电气线路应无短路、过载现象，接线无松动、脱落现象。

7. 设置变频器参数

检查电路无误后通电，设置变频器参数。

1）设置参数 b1-01 为 1，代表频率指令由控制回路端子控制；b1-02 为 1，代表运行指令由控制回路端子控制。

2）设置参数 H1-01 为 40，代表 S1 端子为正转运行输入端；H1-02 为 42，代表 S2 端子为反转运行输入端。

3）设置参数 H1-03 为 3，代表 S3 端子为多段数指令 1；H1-04 为 4，代表 S4 端子为多段数指令 2；H1-05 为 5，代表 S4 端子为多段数指令 3。

4）设置参数 d1-02 为 20，d1-03 为 25，d1-04 为 30，d1-05 为 35，d1-06 为 40。

5）将变频器的拨动开关 S3 往下拨，设为共集电极模式。

8. 编写程序

Q8.2，Q8.3，Q8.4 与时间及频率的关系如表 7-3 所示。

表 7-3　Q8.2，Q8.3，Q8.4 与时间及频率的关系

时间/s	频率/Hz	Q8.4	Q8.3	Q8.2
0～10	20	0	0	1
10～20	25	0	1	0
20～30	30	0	1	1
30～40	35	1	0	0
40～50	40	1	0	1

1）根据控制要求编写正反转控制程序，如图 7-6 所示，T41 的非起停止作用，当 T41 定时时间一到，T41 的非断开，导致 Q8.0 或 Q8.1 断开停止。

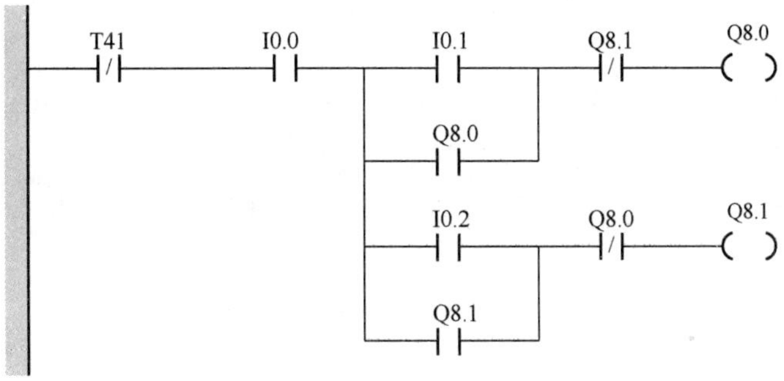

图 7-6　正反转控制程序

2）启动定时器（图 7-7）。

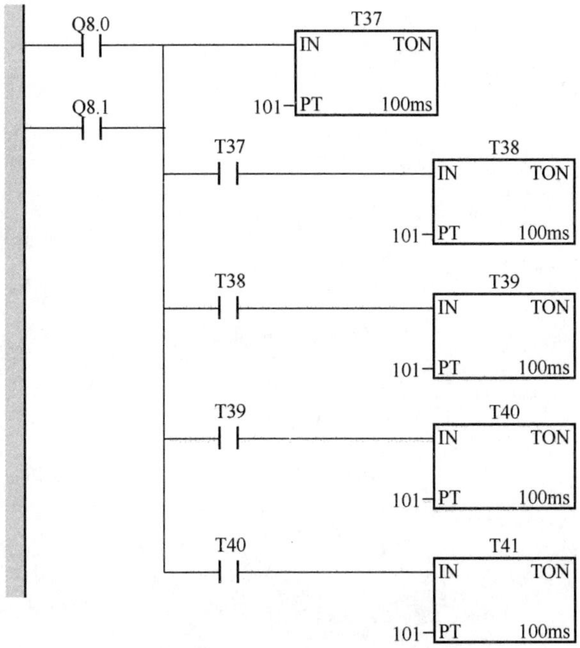

图 7-7　启动定时器程序

3）根据表 7-3 可知 Q8.2 输出高电平的时间分别为 0～10s，20～30s，40～50s。编写 Q8.2 的程序，如图 7-8 所示。

4）根据表 7-3 可知 Q8.3 输出高电平的时间为 10～30s，Q8.4 输出高电平的时间为 30～50s，编写 Q8.2，Q8.3 的程序如图 7-9 所示。

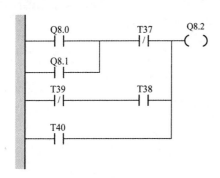

图 7-8　Q8.2 的逻辑

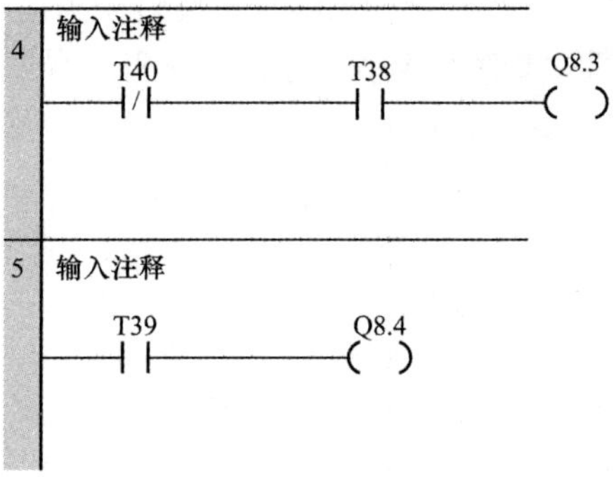

图 7-9　Q8.3 和 Q8.4 的逻辑

9. 把程序传入 PLC 并运行

10. 系统调试

11. 完成相关表格的填写

项目 *8* 无刷直流电动机驱动控制

 项目描述

　　本项目参照公司模式以承接项目的形式给定任务，学生按照任务要求设计电气原理图，在 YL-163A 设备上完成无刷直流电动机的驱动控制。

 项目目标

知识目标 ☞

1. 了解 PLC 控制系统。

2. 理解无刷直流电动机的工作原理。

能力目标 ☞

1. 会连接 PLC 与无刷直流电动机驱动器。

2. 会连接电动机与驱动器。

3. 会编写无刷直流电动机的驱动控制程序。

4. 具有一定的计划能力、自我组织能力和社交能力。

教学空间 ☞

　　电教室 1 间；实训室 1 间，亚龙 YL-163A 型电动机装配与运行检测实训考核装置 10 套。

控制要求

　　电动机运行控制要求：某工厂生产线在加工时，当按下按钮 SB1，无刷直流电动机以第一转速转动 5s 后变为第二转速转动 5s，然后实现循环。当按下按钮 SB2 时，无刷直流电动机以第三转速转动 5s 后变为第四转速转动 5s，然后实现循环。当按下按钮 SB3 时，无刷直流电动机以第五转速转动 5s 后变为第六转速转动 5s，然后实现循环。当按下停止按钮 SB4 时，无刷直流电动机停止。（注：第一转速到第六转速分别指的是无刷直流电动机的 CH1、CH2、CH3 从 001 到 110 的状态，具体见正文中的表 8-1。）

工作任务

教师工作任务☞

1. 创设学习情境，概述本项目，有条件的可播放工厂车间中各种电动机变频调速控制的视频。

2. 与学生互动，交流有关正反转的信息。

3. 设计相关表格要求学生填写。

4. 监测、掌控小组进度。

5. 评价小组成果及小组成员能力。

小组工作任务☞

1. 了解无刷直流电动机控制的应用场合和各种控制情况。

2. 和小组成员列出无刷直流电动机控制的应用场景（至少 3 种）。

3. 与教师讨论小组的决定。在小组中为此准备一个简短的展示（幻灯片），包括下列主题：无刷直流电动机的驱动控制要求；硬件电路图。

4. 阐述硬件连接方案及编程思路并阐释理由（口头）。

5. 写出 I/O 分配表。

6. 画出硬件连接线路图。

7. 软件编程。

8. 仿真调试。

9. 系统调试。

10. 执行所计划的任务并记录完成情况。

11. 小组自评及互评。

依照完整的行动模式、以行动为导向的课堂设计来完成咨询、计划、决策、实施、检查/展示、评估的教学过程。

8.1 无刷直流电动机简介

无刷直流电动机由电动机主体和驱动器组成，是一种典型的机电一体化产品。电动机的定子绕组多做成三相对称星形接法，同三相异步电动机十分相似。电动机的转子上粘有已充磁的永磁体，为了检测电动机转子的极性，在电动机内装有位置传感器。驱动器由功率电子器件和集成电路等构成，其功能是：接受电动机的启动、停止、制动信号，以控制电动机的启动、停止和制动；接受位置传感器信号和正反转信号，用来控制逆变桥各功率管的通断，产生连续转矩；接受速度指令和速度反馈信号，用来控制和调整转速；提供保护和显示等。

1. 无刷直流电动机 92BL‐5015H1‐LK‐B 的技术数据

92BL‐5015H1‐LK‐B 无刷直流电动机如图 8‐1 所示，其主要技术数据如下。

环境温度：0～+50℃。

环境湿度：<85%RH。

绝缘等级：B 级。

耐振动/耐冲击：0.5/2.5g。

额定功率：500W。

额定电压：220V，交流。

额定转速：1500r/min。

额定转矩：3.2N · m。

最大转矩：6.4N · m。

定位转矩：0.09N · m。

额定电流：2.04A。

最大电流：4.08A。

极对数：5。

重量：5kg。

图 8‐1　无刷直流电动机外观

2. 无刷直流电动机的接线说明

电动机霍尔线：红，SA；黄，SB；蓝，SC；绿，S+；黑，S−。

电动机线：红，U；黄，V；蓝，W。

8.2　无刷直流电动机驱动器

1. 无刷直流电动机驱动器 BL‐2203 的特点

无刷直流电动机驱动器 BL‐2203 具有如下特点：220V 交流供电；输入、输出信号光电隔离；启停及转向控制；过电流、过电压、过载及堵转保护；测速信号输出；故障报警输出；电动机转速显示；外部模拟量调速；制动停车功能；多档速度选择。

2. 电气性能指标

供电电源：单相 220V AC（±15%），50Hz，容量 0.8kV · A。

额定功率：最大 600W（依所配电动机而定）。

额定转速：依所选电动机确定（最大 8000r/min）。

额定转矩：依所选电动机确定。

调速范围：150r/min～额定转速。

速度变动率对负荷：±2％以下（额定转速）。

速度变动率对电压：±1％以下（电源电压±10％，额定转速无负载）。

速度变动率对温度：±2％以下（25～40℃额定转速无负载）。

绝缘电阻：在常温常压下＞100MΩ。

绝缘强度：在常温常压下 1kV，1min。

3. 使用环境及参数

冷却方式：内置风扇冷却（在重载和恶劣环境下需要提供辅助散热）。

使用场合：尽量避免粉尘、油雾及腐蚀性气体；温度 0～＋45℃；湿度＜80％RH，无凝露，无结霜。

使用环境：振动不超过 5.9m/s²；保存温度－20～＋65℃。

4. 功能及使用

（1）驱动器面板示意图

驱动器面板如图 8-2 所示。

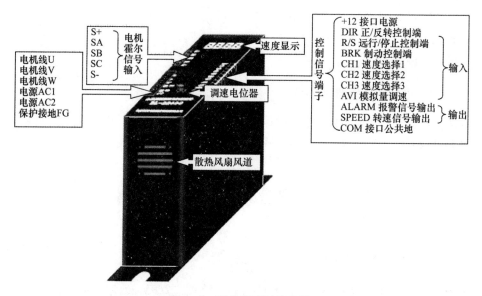

图 8-2　驱动器面板示意图

（2）调速方式

本驱动器提供以下三种调速方式，用户可任选一种：

1）内部电位器调速。逆时针旋转驱动器面板上的电位器，电动机转速减小，顺时针则转速增大。由于测速需要响应时间，速度显示会有滞后。用户使用其他两种转速控制方式时必须将电位器设于最小状态。

2）外部输入调速。将外接电位器的两个固定端分别接于驱动器的＋12 和 COM 端上，将调节端接于"AVI"上，既可使用外接电位器调速，也可以通过其他的控制单元（如 PLC、单片机等）输入模拟电平信号到 AVI 端实现调速（相对于 COM），AVI

的接受范围为 DC0～10V，对应电动机转速为 0～3000r/min；端子内接电阻 200kΩ 到 COM 端，因此悬空不接将被解释为 0 输入。端子内也含有简单的 RC 滤波电路，因此可以接受 PWM 信号进行调速控制。

3）多段速度选择。通过控制驱动器上的 CH1～CH3 三个端子的状态可以选择内部预先设定的几种速度。

表 8 - 1　多段速控制表

CH3	CH2	CH1	转速/(r/min)	CH3	CH2	CH1	转速/(r/min)
0	0	0	3500	1	0	0	1500
0	0	1	3000	1	0	1	1000
0	1	0	2500	1	1	0	500
0	1	1	2000	1	1	1	0

（3）电动机运行/停止控制（R/S）

通过控制端子"R/S"相对于"COM"的通、断可以控制电动机的运行和停止。端子"R/S"内部以电阻上拉到＋12，可以配合无源触点开关使用，也可以配合集电极开路的 PLC 等控制单元。当"R/S"与端子"COM"断开时电动机停止，反之电动机运行。使用运行/停止端控制电动机停止时，电动机为自然停车，其运动规律与负载惯性有关。

（4）电动机正/反转控制（DIR）

通过控制端子"DIR"与端子"COM"的通、断可以控制电动机的运转方向。端子"DIR"内部以电阻上拉到＋12，可以配合无源触点开关使用，也可以配合集电极开路的 PLC 等控制单元。当"DIR"与端子"COM"不接通时电动机顺时针方向运行（面对电动机轴），反之则逆时针方向运转。为避免驱动器的损坏，在改变电动机转向时应先使电动机停止运动后再操作改变转向，避免在电动机运行时进行运转方向控制。

（5）电动机转速信号输出（SPEED）

驱动器通过端子 SPEED～COM 为用户提供与电动机转速成比例的脉冲信号。每转脉冲数＝6×电动机极对数，SPEED 频率（Hz）＝每转脉冲数×转速（r/min）÷60。例如：4 对极电动机，每转 24 个脉冲，当电动机转速为 500r/min 时，端子 SPEED 的输出频率为 200Hz。

（6）快速制动（BRK）

驱动器通过端子 BRK～COM 可以控制无刷电动机的迅速停止，制动采用受控能耗制动方式，相对于 R/S 的自由停车会迅速得多，但具体时间受用户系统（尤其是系统惯量）的影响。

（7）过热保护（ALARM）

过载或其他恶劣的条件使驱动器内部温度高于 80℃时，驱动器将自动停止输出，电动机停止运行，ALARM 输出低电平信号，驱动器在最末一位显示 E，只有将驱动器断电才能解除报警。如驱动器频繁发生过热保护，用户应改善驱动器外部散热条件。

（8）短路保护

由于接线或其他原因导致电动机绕组突然短路时，驱动器检测进入短路保护状态，切断所有输出，并在显示器的最末位显示 E，ALARM 输出低电平信号，只有将驱动器断电才能解除报警。发生此故障，请检查接线是否正确。

（9）过电压保护

由于快速制动、电网电压波动等原因导致的驱动器内部出现过电压时，驱动器进入保护状态，驱动器将自动停止输出，电动机停止运行，ALARM 输出低电平信号，驱动器在最末位显示 E，只有将驱动器断电才能解除报警。

（10）转速显示

驱动器实时测量电动机的转速并以四位数码管显示，单位为 r/min。由于测速的延时，在调速时显示会略微滞后。测量的范围限制在 8000r/min 以内，超出范围可能导致速度显示错误。

8.3　项目实施过程

1. 列出 I/O 分配表

根据控制要求列出 I/O 分配表（表 8 - 2）。

表 8 - 2　I/O 分配表

输入	名称	输出	控制功能
SB1	I0. 1	Q8. 0	R/S
SB2	I0. 2	Q8. 1	CH1
SB3	I0. 3	Q8. 2	CH2
SB4	I0. 0	Q8. 3	CH3

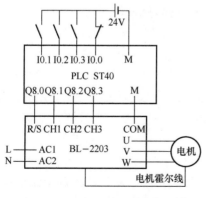

图 8 - 3　无刷直流电动机控制原理

2. 画电气原理图

根据控制要求设计并画出电气原理图（图 8 - 3）。

3. 准备工具、耗材和元器件

工具、耗材准备：剥线钳、压线钳、斜口钳、螺钉旋具、内六角、万用表、线槽、捆扎带、各类导线若干。

1）工具箱放于工作台上便于拿到的位置。

2）将准备好的耗材摆放于工作台的合适的位置。

3）将 PLC、按钮开关、线槽、无刷直流电动机及驱动器取出，放于工作台上。

4. 检测元器件

用万用表检测按钮开关等器件。

5. 安装元器件

将各电气元器件摆放、安装在合适的位置。

6. 安装各电气元件及电动机的机械装配

1）电动机安装后要保证轴中心线的同轴度。

2）齿轮架及轴上的齿轮装配完应转动灵活、轻快。

3）齿轮啮合要控制合理间隙，拨动齿轮时无异声，传动平稳。

4）联轴器安装后，两边的端面至被安装端面的距离要合适。

7. 硬件连线

根据电气原理图完成硬件连线，并注意标准与规范。

在完成工作任务的全过程中，严格遵守电气安装和电气维修的安全操作规程。

电气安装中，低压电器安装参照《电气装置安装工程低压电器施工及验收规范》（GB 50254—1996）验收。

1）所连接的导线必须合理压接插针或 U 形插。

2）所压接的插针、U 形插不得有漏铜现象。

3）所连接的导线必须套有号码管，长度不少于 10mm；对信号线可用标签纸作为线号书写平台。

4）线号标注按图纸线号进行标注。

5）所接导线必须按元件端子号码进行连接。

6）所连接导线必须进线槽（信号电缆可不进线槽）。

7）电动机主回路导线必须通过接线端子过渡连接（信号电缆可不通过端子过渡）。

8）线槽与线槽间过渡部分导线必须进行防护，防护带（管）需进线槽不少于 10mm。

9）线号书写（以操作台正面方向看）方向：水平书写时从左至右，纵向书写时从上至下。

10）导线连接符合工艺规范。

11）编写的程序应符合设备运行工艺（工作原理）控制要求。

12）连接的电气线路应无短路、过载现象，接线无松动、脱落现象。

8. 编写程序

1）根据控制要求，实际上 SB1、SB2、SB3 要实现互锁，SB4 实现停止，编写程序，如图 8-4 所示。

语句表程序如下：

```
LD    I0.1
O     M1.1
AN    M1.2
AN    M1.3
A     I0.0
=     M1.1
LD    I0.2
O     M1.2
AN    M1.1
AN    M1.3
A     I0.0
=     M1.2
LD    I0.3
O     M1.3
AN    M1.2
AN    M1.1
A     I0.0
=     M1.3
```

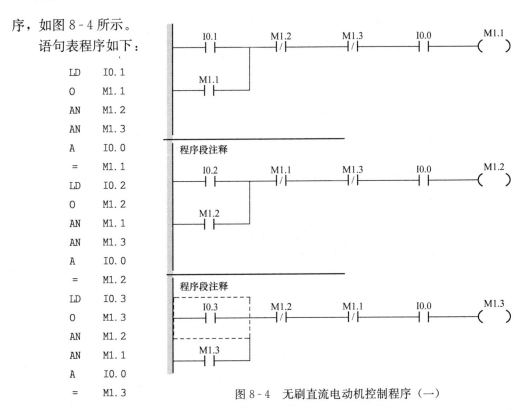

图 8-4　无刷直流电动机控制程序（一）

2）用 M1.1＼M1.2＼M1.3 依次启动定时器 T37、T38，并实现循环，编写程序，如图 8-5 所示。

语句表程序如下：

```
LD    M1.1
O     M1.2
O     M1.3
LPS
AN    T38
TON   T37,51
LPP
A     T37
TON   T38,51
```

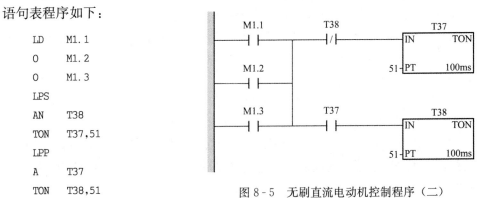

图 8-5　无刷直流电动机控制程序（二）

3）根据多段速控制表列出时间与转速对照表（表 8-3）。

表 8-3　时间与转速对照表

| CH3 CH2 CH1 | | | 时间段 | 转速/(r/min) |
Q8.3	Q8.2	Q8.1		
0	0	1	T37 的非与上 M1.1	3000，第一转速
0	1	0	T37 与上 M1.1	2500，第二转速
0	1	1	T37 的非与上 M1.2	2000，第三转速

CH3　CH2　CH1	时间段	转速/(r/min)
Q8.3　Q8.2　Q8.1		
1　0　0	T37 与上 M1.2	1500，第四转速
1　0　1	T37 的非与上 M1.3	1000，第五转速
1　1　0	T37 与上 M1.3	500，第六转速

①从表 8-3 中可以看出 Q8.1 为三者相或，编写程序，如图 8-6 所示。

语句表程序如下：

```
LD    M1.1
O     M1.2
O     M1.3
AN    T37
=     Q8.1
```

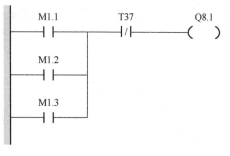

图 8-6　Q8.1 的逻辑

②从表 8-3 中可以看出 Q8.2 为三者相或，编写程序，如图 8-7 所示。

语句表程序如下：

```
LD    M1.1
A     T37
LD    M1.2
AN    T37
OLD
LD    M1.3
A     T37
OLD
=     Q8.2
```

图 8-7　Q8.2 的逻辑

③从表 8-3 中可以看出 Q8.3 为三者相或，编写程序，如图 8-8 所示。

语句表程序如下：

```
LD    M1.2
A     T37
O     M1.3
=     Q8.3
```

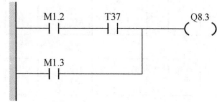

9. 把程序传入 PLC 并运行

图 8-8　Q8.3 的逻辑

10. 系统调试

11. 完成相关表格的填写

附录 1 ××省职业技能大赛试题选编 ——通用机电设备安装

一、工作任务与要求

请你根据赛场提供的实训考核设备，在 4 小时内完成以下"通用机电设备安装"的工作任务。

电气运行控制要求：

该电气设备运行有两种工作方式：按下方式选择按钮 SB1 红色指示灯亮，为方式 1；再按一下方式选择按钮 SB1 绿色指示灯亮，为方式 2；再按一次 SB1 又变为方式 1。

在方式 1 中，按下启动按钮 SB2 后，M1 电动机首先通 15Hz 的交流电，正向运转 5s 后依次通 25Hz 的交流电 5s，35Hz 的交流电 5s，45Hz 的交流电 5s，50Hz 的交流电 5s 后停止，M1 停止时步进电动机 M2 通电正转 5s 后停止，3s 后又通电反转 5s 后停止（代表加工完一个工件），M1 又通电开始加工下一个工件。任何时候按下停止按钮 SB3，电动机都应停止。其工作过程如附图 1-1 所示。

在方式 2 中，按下启动按钮 SB2 后，M1 电动机首先通 10Hz 的交流电，反向运转 5s 后依次通 25Hz 的交流电 5s，30Hz 的交流电 5s，45Hz 的交流电 5s，50Hz 的交流电 5s 后停止，M1 停止时，步进电动机 M2 通电反转 5s 后停止，3s 后又通电反转 5s 后停止，M1 又通电实现循环。任何时候按下停止按钮 SB3，电动机都应停止。其工作过程如附图 1-2 所示。（步进电动机控制器的设置为：输出电流为 3A，细分为 16）

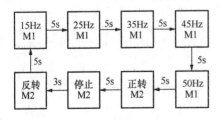

附图 1-1 电气设备运行方式 1

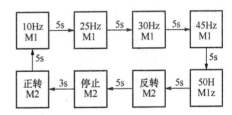

附图 1-2 电气设备运行方式 2

除按钮控制外，也可用触摸屏控制。触摸屏有三个页面（附图 1-3），第一个页面有方式 1 和方式 2 两个按钮，按下方式 1 按钮进入第二个页面，按下方式 2 按钮进入第三个页面。第二个页面有启动、停止、返回三个按钮，启动按钮与 SB2 功能相同，停止按钮与 SB3 功能相同，按下返回按钮回到页面 1，还可监控加工工件的个数。第三个页面有启动、停止、返回三个个按钮，启动按钮与 SB2 功能相同，停止按钮与 SB3 功能相同，按下返回按钮回到页面1，还可监控加工工件的个数。

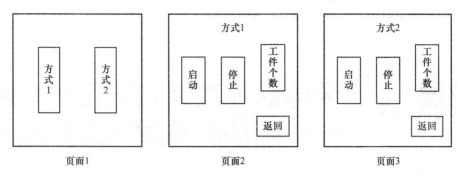

附图 1-3　触摸屏的三个页面

二、控制电路安装与调试

1. 根据电气运行控制要求，在实训考核设备中选择所需要的设备并进行检查与确认。

2. 根据任务要求画出电气原理图并完成线槽和器件布局。

注意： M1 电动机应接有过载保护。

3. 根据电动机运行控制要求及电气安装规范，完成 PLC 程序的编写及变频器、步进电动机控制器与触摸屏的设置，并完成它们之间的连接。

（1）M1 按△接法，固定在电动机底座上，M1 和 M2 不与测量装置进行连接。电动机转向判断：正视电动机转轴1，逆时针旋转为正传，顺时针为反转。

（2）凡是连接的导线，必须压接接线头（插针）。

（3）设备电源与电气连接非专用连接线对接时，需通过端子排进行转接。

（4）电气安装板的各接触器线圈、按钮、指示灯等连线及电动机装配板上连接线必须放入线槽内。

（5）M1 和 M2 电动机均为空载。

⚠ **警告：** 接线时必须关闭设备总电源，电气安装板必须可靠接地，确保操作安全。接线完成，确认无误后，方可送电调试。选手操作必须按电工安全操作规程进行。紧急情况下可按下紧急停止按钮（红色蘑菇头按钮，在电源起停按钮上方）。

三、知识解答

1. PLC 输出类型有_____、_____、_____。

2. PLC 设计规范中，RS232 的通信距离是_____。

3. 电动机的绝缘电阻应大于_____。

4. 一般情况下，接地线应用_____。

5. 16 进制的 2B 转化为十进制数是_____。

6. PLC 程序中，手动程序和自动程序需要_____。

7. 在各种常用电气元件中，NO 代表_____，NC 代表_____。

附录 2 全国职业技能大赛试题选编
——电动机装配与运行检测

一、工作任务

请按要求在 4 小时内完成以下工作任务：

任务 1 按工作任务书要求，进行三相异步电动机的机械安装和运行测试，并回答相关技术问题。

任务 2 按工作任务书要求，进行交流伺服电动机的机械安装和运行测试，并回答相关技术问题。

任务 3 按工作任务书要求，进行无刷电动机的机械安装和运行测试，并回答相关技术问题。

任务 4 按工作任务书给定的电气原理图（图一、图二）和电器元件布局图（图三）完成电动机运行测试平台的电气安装。

任务 5 按工作任务书给定的电动机运行综合测试要求，进行触摸屏设置和 PLC 程序编制，通电测试应达到电动机运行综合测试的功能要求。

二、基本工作要求

1. 在完成工作任务的全过程中，严格遵守电气安装和电气维修的安全操作规程。

2. 电气安装中，低压电器安装参照《电气装置安装工程低压电器施工及验收规范》（GB 50254—1996）验收。

(1) 请按电器元件布局图（图三）的尺寸要求自行加工、布置行线槽。

(2) 请按电器元件布局图（图三）的电器元件布置并合理安装电器元件。

(3) 请按电气原理图（图一、图二）进行连线。

(4) 所连接的导线必须合理压接插针或 U 形插。

(5) 所压接的插针、U 形插不得有漏铜现象。

(6) 所连接的导线必须套有号码管，长度不少于 10mm；对信号线可用标签纸作为线号书写平台。

(7) 线号标注按图纸线号进行。

(8) 导线必须按元件端子号码进行连接。

(9) 所连接导线必须进线槽（信号电缆可不进线槽）。

(10) 电动机主回路导线必须通过接线端子过渡连接（信号电缆可不通过端子过渡）。

（11）线槽与线槽间过渡部分导线必须进行防护，防护带（管）需进线槽不少于 10mm。

（12）线号书写方向（以操作台正面方向看）：水平书写时从左至右，纵向书写时从上至下。

（13）导线连接符合工艺规范。

（14）编写的程序应符合设备运行工艺（工作原理）控制要求。

（15）连接的电气线路应无短路、过载现象，接线无松动、脱落现象。

3. 机械装配需要符合机械安装技术规范。

（1）电动机安装后要保证轴中心线的同轴度。

（2）齿轮架及轴上的齿轮装配完应转动灵活、轻快。

（3）齿轮啮合要控制合理间隙，拨动齿轮时无异声，传动平稳。

（4）联轴器安装后，两边的端面至被安装端面的距离要合适。

三、触摸屏界面说明

触摸屏分为四个界面，分别为主界面、M1 电机测试、M2 电机测试、M3 电机测试和联动运行。

说明：在触摸屏文字描述中，触摸屏界面上的按钮或开关控件描述为 ××按钮 。

1. 主界面。

触摸屏上电后自动进入主界面（附图 2-1）。点击 M1 电机测试 按钮，触摸屏进入 M1 电机测试界面；点击 M2 电机测试 ，触摸屏进入 M2 电机测试界面；点击 M3 电机测试 ，触摸屏进入 M3 电机测试界面；点击 联动运行 ，触摸屏进入联动运行界面。

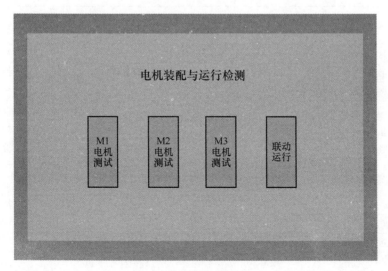

附图 2-1　主界面

2. M1 电机测试界面。

当触摸屏进入 M1 电机测试界面（附图 2-2）后，交流接触器 K1 自动吸合，触摸屏上的 速度1 到 速度8 按钮对应变频器设置的一个速度。 功能键 进行工频/变频切换。变频运行切换到工频运行时，需按下触摸屏上的 功能键 ，使交流接触器 K1 释放，延时 1s 后交流接触器 K2 吸合；工频运行切换到变频运行时，需按下触摸屏上的 功能键 ，使交流接触器 K2 释放，延时 1s 后交流接触器 K1 吸合。电动机的工频/变频切换必须在电动机停止状态进行。各按钮地址详见附表 2-1。

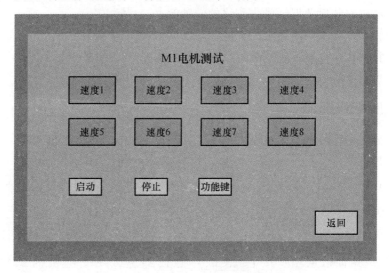

附图 2-2　M1 电机测试界面

附表 2-1　M1、M2、M3 电机测试触摸屏界面地址

名称	地址		备注
	三菱	西门子	
M1 电机测试界面	M0	M0.0	按钮
M2 电机测试界面	M1	M0.1	按钮
M3 电机测试界面	M2	M0.2	按钮
启动	M4	M0.3	按钮
停止	M5	M0.4	按钮
速度 1	M20	M0.5	按钮
速度 2	M21	M0.6	按钮
速度 3	M22	M0.7	按钮
速度 4	M23	M1.0	按钮
速度 5	M24	M1.1	按钮
速度 6	M25	M1.2	按钮
速度 7	M26	M1.3	按钮
速度 8	M27	M1.4	按钮

续表

名称	地址		备注
	三菱	西门子	
功能	M28	M1.5	按钮
返回	M33	M1.6	按钮

变频器控制电动机工作前，先选择速度按钮，再按下 启动 按钮或按钮盒模块的 S2 按钮，变频器按选定的速度运行。此时，按下其他速度按钮无效。只有在按下 停止 按钮或按钮模块的 S1 按钮，变频器停止工作时才能再次选择其他速度按钮。

只有在变频器停止工作后，按下 返回 按钮，触摸屏才能返回到主界面。

3. M2 电机测试界面。

当触摸屏进入 M2 电机测试界面（附图 2 - 3）后，交流接触器 K3 自动吸合。触摸屏上的 速度 1 到 速度 8 按钮对应伺服驱动器设置的一个速度。各按钮地址详见附表 2 - 1。

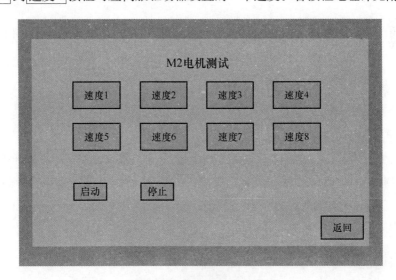

附图 2 - 3　M2 电机测试界面

伺服驱动器控制电动机工作前，选择速度按钮，按下 启动 按钮，伺服电动机按选定的速度运行。此时，按下其他速度按钮无效。只有在按下 停止 按钮，伺服电动机停止工作后才能再次选择其他速度。

只有在伺服电动机停止工作后，按下 返回 按钮，触摸屏才能返回到主界面。

4. M3 电机测试界面。

当触摸屏进入 M3 电机测试界面（附图 2 - 4）后，交流接触器 K4 自动吸合。触摸屏上的 速度 1 到 速度 5 按钮对应无刷驱动器设置的一个速度， 速度 6 、 速度 7 和 速度 8 按钮在此界面中没有涉及。各按钮地址详见附表 2 - 1。

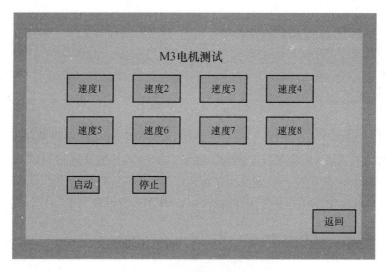

附图 2-4　M3 电机测试界面

无刷驱动器控制电动机工作前，选择速度按钮，按下 启动 按钮，无刷电动机按选定的速度运行。此时，按下其他速度按钮无效。只有在按下 停止 按钮，无刷电动机停止工作后才能再次选择其他速度。

只有在无刷电动机停止工作后，按下 返回 按钮时触摸屏才能返回到主界面。

5. 联动运行界面。

触摸屏上 1号位 、 2号位 、 3号位 均为按钮， 左限位 和 右限位 是开关。模拟在小车运行过程中的位置传感器，按下对应按钮，表示到达此工位（附图 2-5）。

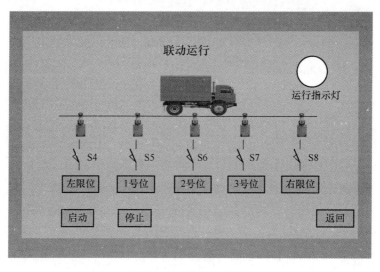

附图 2-5　联动运行界面

按下 S2 或 启动 按钮，小车开始运行；按下 S1 或 停止 按钮，小车停止工作。只有在小车停止运行时，按下 S3 或 返回 按钮，触摸屏才能跳转到主界面。触摸屏内按钮地址见附表 2-2。

附表 2-2　联动运行界面触摸屏界面地址

名称	地址		备注
	三菱	西门子	
联动运行界面	M3	M3.0	按钮
启动	M4	M0.3	按钮
停止	M5	M0.4	按钮
1 号位	M15	M2.0	按钮
2 号位	M16	M2.1	按钮
3 号位	M17	M2.2	按钮
运行指示灯	M30	M2.3	指示灯
左限位	M31	M2.4	按钮
右限位	M32	M2.5	按钮
返回	M33	M1.6	按钮

四、建立通信

请按以下通信地址建立西门子触摸屏与 PLC 的通信。

触摸屏（IP）：192.168.1.90。

PLC（IP）：192.168.1.91。

五、任务实施

任务 1　三相异步电动机 M1 控制与运行特性测试

1. 三相交流电动机处于变频器控制运行状态，正确设定变频器参数，使变频器在 5Hz 运转。根据不同的转矩补偿参数，对三相异步电动机的堵转状态进行测试，将测试数据填入附表 2-3。

附表 2-3　变频器转矩补偿特性测试记录表

测试条件：5Hz，堵转状态

转矩补偿参数	0.00	0.25	0.50	0.75	1.00	1.25
转矩 T_L/(N·m)						
电压/V						

续表

转矩补偿参数	0.00	0.25	0.50	0.75	1.00	1.25
电流/A						
选手签工位号			裁判签字确认			
备注		电压、电流通过变频器监视显示				

2. 三相交流电动机处于工频额定运行状态，并保持 U_N 不变，调节磁粉制动器电位器，改变电动机的负载转矩 T_L，按照附表 2-4 的内容进行测试，并将数据记录在附表 2-4 内。

附表 2-4 三相异步电动机 M1 运行特性记录表

测试条件：负载（按下 功能键 ）

U−V 两相之间绝缘电阻

负载转矩 T_L/(N·m)	$1.3T_N$	$1.1T_N$		$0.8T_N$	$0.4T_N$	$0.25T_N$
线电流 I_L/A			1.94			
转速 n/(r/min)						
选手签工位号			裁判签字确认			
备注		电压、电流通过变频器监视显示				

注意：交流接触器 K1 与交流接触器 K2 必须互锁，不能同时得电，否则会引起安全事故。三相异步电动机工作在 220V/△方式下，电源相电压为 127V（由调压器调节输出供给）。

3. 根据附表 2-4 所测数据绘制 $n=f(T_L)$ 曲线，如附图 2-6 所示。

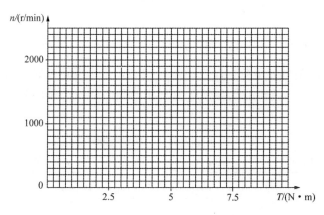

附图 2-6 $n=f(T_L)$ 曲线（曲线 1）

任务 2　伺服电动机 M2 控制与运行特性测试

正确设置伺服驱动器参数，使伺服电动机处于速度控制模式，通过接通不同的电阻实现调压控制转速，完成附表 2-5 内数据，并绘制 $n = f(U)$ 的曲线。速度切换时，应在电动机停稳后进行。完成附表 2-6 内数据。

附表 2-5　伺服电动机电压-转速关系测试记录表

测试条件：空载，$P_n 300 = 6.00$，加减速时间 1.5s

速度标号	1	2	3	4	5	6	7	8
PLC 接通电阻	R_1	R_2	$R_1 // R_2$	R_3	$R_1 // R_3$	$R_2 // R_3$	R_4	$R_2 // R_4$
转速 $n/(\text{r/min})$								
控制电压/V								
备注	用数字万用表测量伺服驱动器 CN1 的 5、6 脚间的（控制）电压							

附表 2-6　伺服电动机机械特性测试记录表

测试条件：负载　加减速时间 1.5s　起始转速 1000r/min

负载转矩 $T_L/(\text{N} \cdot \text{m})$	本底值	0.3	0.5	0.7	0.9	1.1	1.3	1.5	1.7
转速 $n/(\text{r/min})$	1000								
选手签工位号				裁判签字确认					
备注	起始转速由选手自己利用调速板调出，允许有偏差								

根据附表 2-5 的数据绘制速度-电压曲线，见附图 2-7。

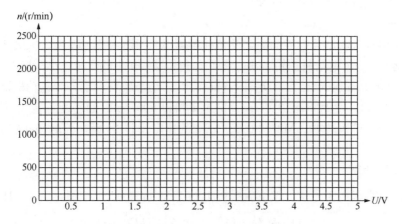

附图 2-7　$n = f(U)$ 曲线（曲线 2）

任务3 无刷电动机 M3 控制与运行特性测试

测试不同转速下无刷电动机的输入电压，按附表 2-7 的内容完成无刷电动机的测试和数据填写。无刷电动机与负载连接，按附表 2-8 完成电动机测试和数据填写。

附表 2-7 无刷电动机电压-转速关系测试数据表

测试条件：空载

转速 n/(r/min)	500（速度 1）	1000（速度 2）	1500（速度 3）	2000（速度 4）	2500（速度 5）
电压/V					
选手签工位号			裁判签字确认		
备注	测量电动机 U-V 之间的电压				

附表 2-8 无刷电动机 M3 机械特性记录表

测试条件：负载

负载转矩 T_L/(N·m)	本底值	0.3	0.5	0.7	0.9	1.1	1.3	1.5	1.7
转速 n/(r/min)	1000								
选手签工位号					裁判签字确认				
备注									

任务4 电动机联动运行控制

1. 按工作任务书给定的机械安装图（图四）及工艺要求完成 M1、M2、M3 在电动机测试平台上的机械传动安装。

2. 按工作任务书给定的电气原理图（图一、图二）和电器元件布局图（图三）完成电动机运行测试平台的电气安装。

3. **任务描述。**

当触摸屏进入联动运行界面后，交流接触器 K1、K3 和 K4 吸合。本次任务模拟送料小车的运行。M1 电动机正转，小车向左运行；M1 电动机反转，小车向右运行。M2 电动机以 500r/min 运转 3s 后，此时下料口打开，小车装料；当 M2 电动机以 700r/min 的速度运转 3s 后，此时下料口关闭。M3 电动机以 500r/min 的速度正转 3s 后，此时小车关闭车舱门，可以装料；M3 以 1000r/min 的速度反转 3s 后，此时小车打开车舱门，进行卸料。

小车运行过程：

初始时，小车在 1 号位；按下触摸屏上的 启动 按键或 S1 按钮，小车 M1 电动机以 5Hz 向右运行，2s 后以 10Hz 向右运行，当按下 2 号位 按钮时 M1 电动机停止运行，同时 M2 电动机打开下料口。当 M2 电动机完成下料口打开后，M2 电动机关闭下料口，同时 M1 电动机开始以 15Hz 向右运行，2s 后以 20Hz 的速度向右运行；当按下

3 号位 时，M1 电动机停止工作，M3 电动机打开车舱门。当车舱门打开后紧接着关闭车舱门。当车舱门关闭后，M1 电动机以 25 Hz 的速度向左运行。当按下 1 号位 按钮时，小车完成装料卸料工作，停在 1 号位等待下下次工作。

当小车在运行中压下 右限位 或 左限位 时，小车 M1 电动机立刻停止。再次按下 S1 或 启动 按钮后，如果小车在右极限位置，小车以 30 Hz 的速度向左运行，回到 1 号位；如果小车在左极限位置，小车以 35 Hz 的速度向右运行，回到 1 号位。

如果小车在正常运行过程中按下 停止 按钮，则小车立即以 40 Hz 的速度返回 1 号位，等待下次运行。

任务 5　相关技术问题解答

1. 交流伺服电动机驱动器有_____模式、_____模式和_____模式等三种基本控制模式。

2. 为避免无刷直流电动机驱动器的损坏，在改变电动机转向时应先使电动机_____后再操作_____，避免在电动机运行时进行_____控制。

3. 无刷直流电动机使用运行/停止端控制电动机停止时，电动机为_____，其运动规律与_____有关。

4. 热继电器用于三相异步电动机的_____保护，三相异步电动机应用最多的有_____种接线方式，用万用表的_____挡可判别三相异步电动机定子绕组的首尾端。

5. 在不考虑复杂性和经济性情况下，三相异步电动机最佳调速是_____调速，三相异步电动机额定运行时的转差率一般为_____。

6. 可以通过改变鼠笼式异步电动机定子绕组的_____对其调整_____转速。

7. 他励直流电动机调速方法有改变_____回路电阻调速、改变_____电流调速、改变电源_____调速。

8. 他励直流电动机在运行中是_____，改变他励直流电动机电枢电压极性可以改变他励直流电动机的_____方向。

六、任务评估

电动机安装与调试运行检测配分表

序号	项目	配分
1	理论	10
2	数据测量	30
3	机械安装与电气安装	25
4	控制功能	25
5	安全及职业素养	10